IRRE®-VERHANDELN

IRRE® -VERHANDELN

von

Mag. Angelika Schulz-Fuss, MBA

MANZ

Zitiervorschlag: *Schulz-Fuss*, IRRE®-VERHANDELN (2012)

Sämtliche Angaben in diesem Buch erfolgen trotz sorgfältiger Bearbeitung ohne Gewähr; eine Haftung der Autorin sowie des Verlages ist ausgeschlossen.

Ich lege großen Wert auf Diversität und Gleichbehandlung. Im Sinne einer besseren Lesbarkeit des Textes habe ich jedoch entweder die männliche oder weibliche Form gewählt. Dies impliziert keinesfalls eine Benachteiligung des jeweils anderen Geschlechts. Frauen und Männer mögen sich vom Inhalt dieses Buches gleichermaßen angesprochen fühlen.

ISBN 978-3-214-00679-2

© 2012 MANZ'sche Verlags- und Universitätsbuchhandlung GmbH, Wien
Telefon: (01) 531 61-0
E-Mail: verlag@MANZ.at
www.MANZ.at
Grafisches Konzept und Satz: Anita Frühwirth/www.effundwe.at
Illustrationen: Mag. art. Kiiki Schaller; kiiki@utanet.at
Grafiken: Mag. art. Mirek Dworczak
Foto Angelika Schulz-Fuss: Hermann Wakolbinger
Angelika Schulz-Fuss: www.irre-verhandeln.at; office@irre-verhandeln.at
Druck: Prime Rate Kft., Budapest

Vorwort

Verhandeln ist komplex, vielseitig und vielschichtig. Verhandelt wird immer – im Privat- und Berufsleben: Kinder verhandeln mit ihren Eltern, Schüler mit ihren Lehrern, Mitarbeiter mit ihren Vorgesetzten, Einkäufer mit Verkäufern, Vorstände mit Aufsichtsräten etc. Wir verhandeln ständig! Oft ist es uns nicht einmal bewusst, dass wir uns mitten in einer Verhandlungssituation befinden!

Deshalb ist es auch nicht verwunderlich, dass die Literatur zu diesem Thema so vielfältig ist. „Richtig Verhandeln", „Erfolgreich Verhandeln", „Strategie – Taktik – Technik", „Verhandeln – Aber wie?" u.v.m.

Und jetzt noch ein Buch über Verhandeln, über ebenbürtiges, nutzenorientiertes, strategisches und konsequentes Verhandeln – und noch dazu IRRE®?

Verhandeln wird oft als Mittel zur individuellen Zielerreichung, als taktisches Kampfszenario, dargestellt. Erfolgreiches Verhandeln wird oft mit gekonntem „Bluffen" und „Tricksen" gleichgesetzt. Ehrliches, aufrichtiges und erfolgreiches Verhandeln scheint sich auszuschließen. Doch Verhandeln kann viel mehr sein, als seine eigenen Ziele zu erreichen. Verhandeln kann ein kreativer, schöpferischer und intellektueller Prozess sein, in dem gemeinsam mit dem Verhandlungspartner einzigartige nachhaltige Lösungen entwickelt werden. Um dies zu ermöglichen braucht es ganz bestimmte Rahmenbedingungen, Einstellungen und Handwerkszeuge. Genau diese vermittelt dieses Buch.

Wie aber entstand IRRE®?

Während meiner Ausbildung zum MBA an der Rotman School of Management in Toronto studierte ich „Managerial Negotiations" (übersetzt: Managementverhandlungen) bei einem Profi-Verhandler. Auch die bisher neunfach Nobelpreis-gekrönte wirtschaftswissenschaftliche Theorie der Entscheidungsfindung – die sogenannte Spieltheorie – hatte bei dieser Ausbildung einen hohen

Stellenwert und die Entwicklung von IRRE® geprägt. Verhandeln interessiert mich schon ein Leben lang und durch diese professionelle Ausbildung wurde der Grundstein für die Entwicklung eines eigenen Verhandlungstools gelegt. Durch meine Arbeit als Unternehmensberaterin, Trainerin und Universitätslektorin für Strategisches Management rückte der Fokus der strategischen Verhandlungsführung in den Mittelpunkt. Um strategisch verhandeln zu können, braucht es auch professionelle Kommunikation, hohe Selbstreflexion und fundierte Vorbereitung. Meine systemische Coaching- und Hypnotherapieausbildung ergänzten die strategische und intellektuelle Betrachtungsweise von Verhandlungen um diese erfolgsentscheidenden beziehungsmäßigen, emotionalen und unbewussten Facetten. Durch diesen umfassenden Blick auf Verhandlungen wurde es möglich, die Haupteinflussfaktoren für erfolgreiche Verhandlungen herauszuarbeiten und daraus ein leicht anwendbares, praxisgerechtes Modell zu entwickeln – IRRE®-Verhandeln. IRRE® einfach – einfach anders.

Sie erhalten mit diesem Buch ein übersichtliches und kompakt geschnürtes Paket, einen Leitfaden für Ihren beruflichen und privaten Verhandlungsalltag.

IRRE®-Verhandeln bringt neue Sichtweisen, neue Facetten in die Vorbereitung, Durchführung und Reflexion von Verhandlungen.

Neben der übersichtlichen Darstellung des Inhalts helfen viele Praxisbeispiele, Checklisten, Übersichten und Grafiken, IRRE®-Verhandeln in die Praxis umzusetzen.

Dieses Buch ist ein Arbeitsbuch, das Ihnen viele unmittelbar anwendbare praxiserprobte Werkzeuge für Ihre Verhandlungen anbietet.

IRRE®-Verhandeln macht spürbar, dass Verhandeln Freude bereitet und Stolz macht, wenn in Ebenbürtigkeit, mit Ehrlichkeit, Kreativität, fundierter Vorbereitung, disziplinierter und konsequenter Verhandlungsführung einzigartige Ergebnisse entwickelt werden.

Inzwischen haben mehr als 6.000 Menschen die Seminare „IRRE® verhandeln“, „IRRE® verkaufen“, „IRRE® einkaufen“ und „IRRE® einfach Konflikte lösen“ besucht, die 1. Auflage gelesen oder Vorträge zu diesem Thema besucht. Viele inspirierende Diskussionen und konstruktive Rückmeldungen von den Teilnehmern und Lesern haben beigetragen IRRE®-Verhandeln stets weiterzuentwickeln. Danke!

An dieser Stelle bedanke ich mich bei allen, die jederzeit eine große Stütze bei meiner Arbeit waren und so zum Gelingen dieses Buches beigetragen haben. Besonders herzlich bedanke ich mich bei *meinem Mann Roland Schulz* für die stets inspirierende konstruktiv-kritische Unterstützung bei der Weiterentwicklung von IRRE®-Verhandeln. Nur durch unsere zahllosen Diskussionen konnte IRRE®-Verhandeln noch klarer strukturiert und weiter geschärft werden. So manche wesentliche Facette von IRRE®-Verhandeln trägt seinen Namen. Ich bedanke mich bei unseren *Kindern* für ihre unendliche Geduld, meiner *Familie* für ihre tatkräftige Unterstützung, bei *Elfi Denk* für die engagierte Mitinitiierung von IRRE®-Verhandeln und bei *Kiiki Schaller* für Ihre kreativen Illustrationen. Herzlichen Dank auch an den *Manz Verlag* und seine Mitarbeiterinnen und Mitarbeiter für ihre Geduld und ihr Vertrauen.

IRRE® -VERHANDELN

1. IRRE® – 4 BUCHSTABEN, 2 SPANNUNGSFELDER

Beim Verhandeln geht es um Menschen. Um Menschen, die Bedürfnisse, Interessen, Wünsche und Ängste haben. Es geht um Menschen, die Ziele verfolgen und entweder gegeneinander oder miteinander versuchen, diese Ziele zu erreichen! Verhandeln ist ein intellektueller und ein hoch emotionaler Prozess. Das eigene Ego und das des Verhandlungspartners sind entscheidende „Mitverhandler", das Streben nach Anerkennung der eigenen Sichtweisen dominiert viele Verhandlungen. Das Bemühen um Gesichtswahrung und der Kampf gegen potenziellen Gesichtsverlust bestimmen massiv unsere Vorgehensweise. Für viele ist Verhandeln Kämpfen, Kräftemessen, Gewinnen, Ziele erreichen. Für andere bedeutet Verhandeln zielgerichtete Kommunikation, Probleme lösen, Beziehung aufbauen, gemeinsam kreative Lösungen entwickeln. IRRE®-Verhandeln hat zum Ziel, gemeinsam mit dem Verhandlungspartner nachhaltige, stabile Mehr-Wert-Lösungen mit maximalem Nutzen für beide Verhandlungsparteien zu entwickeln. Grundvoraussetzungen dafür sind ehrliches Interesse am Verhandlungspartner, ein vertrauensvolles, angstfreies Verhandlungsklima, Respekt und fundierte Vorbereitung.

Jeder hat seine Erfahrungen bei Verhandlungen gewonnen und dadurch sein höchst persönliches Bild von erfolgreichem Verhandeln kreiert. Entsprechend dieses individuellen Bildes agieren wir erfolgreich oder erfolglos. Daher ist es entscheidend, sich mit sich, seinen eigenen inneren Bildern, seinen Zielen, Motivatoren etc. auseinanderzusetzen. Was bedeutet Verhandeln für Sie ganz persönlich? Was löst das Wort „Verhandeln" in Ihnen aus? Freuen Sie sich auf wichtige Verhandlungen oder haben

Verhandeln ist ein intellektueller und ein hoch emotionaler Prozess.

IRRE®-Verhandeln hat zum Ziel, gemeinsam mit dem Verhandlungspartner nachhaltige, stabile Mehr-Wert-Lösungen mit maximalem Nutzen für beide Verhandlungsparteien zu entwickeln.

Sie schon am Vorabend Bauchschmerzen? Verhandeln Sie, um Erfolge zu erreichen oder um Misserfolge zu vermeiden?

Unbewusst tragen Sie Ihre höchst persönlichen Bilder vom Verhandeln in jeder Verhandlung mit sich und entsprechend dieser Bilder, Ihrer Einstellungen und Ihrer Erfahrungen handeln Sie. Wir werden noch im Verlauf dieses Buches sehen, wie wesentlich Selbstreflexion und Klarheit über das was in uns vorgeht für Ihren Verhandlungserfolg ist.

Nehmen Sie sich Zeit, um Ihr eigenes Bild von „Verhandeln" zu definieren. Nützen Sie dieses Buch als Ihr Arbeitsbuch. Überlegen Sie auch Situationen, in denen Sie ganz unterschiedliche Bilder haben. Was ist anders, wenn Sie sich auf eine Verhandlung freuen oder diese scheuen? Wovon ist dieser Unterschied abhängig – vom Verhandlungspartner, Ihrer wechselseitigen Beziehung, dem Verhandlungsgegenstand, der Vorgeschichte oder etwas anderem?

■ Was verstehe ich unter „verhandeln"? (z.B. gewinnen wollen, Probleme lösen, kämpfen und siegen, den anderen besiegen wollen, eigene Ziele erreichen/durchsetzen etc.)
■ Was löst das Wort „verhandeln" in mir aus? (positive oder negative Einstellungen? Reizt oder ängstigt es mich? etc.)
■ Ich will... (z.B. siegen, nicht verlieren, meine Ziele durchsetzen, es dem Verhandlungspartner beweisen etc.)

Verhandlungen nehmen oft einen ungeplanten Verlauf, sie entwickeln eine positive oder auch negative Eigendynamik, sie werden scheinbar unsteuerbar. Es sind zahllose Faktoren, die während eines Verhandlungsprozesses auf die Verhandlungspartner, das Verhältnis zueinander, auf ihre Ziele und Vorgehensweisen einwirken und dadurch die Verhandlungsergebnisse beeinflussen.

Ziel von IRRE®-Verhandeln ist es, Verhandlungen planbarer, effizienter und erfolgreicher zu machen. Dafür ist es nötig, die Haupteinflussfaktoren, die auf diesen hochkomplexen Prozess wirken, zu kennen. Ziel ist auch, viele meist unbewusst ablaufende Vorgänge bewusst zu machen, damit Sie auch bei diesen steuernd eingreifen können. Dadurch sind Sie dem Verhandlungsgeschehen nicht ausgeliefert, sondern können in jeder Situation die Verhandlung aktiv gestalten.

Auf den Verhandlungsprozess und somit auf Ihren Erfolg wirken unzählige Faktoren ein. Diese habe ich zu **vier Haupteinflussgrößen** verdichtet und einfach und übersichtlich dargestellt. Sie geben Struktur in der Vorbereitung und während der Verhandlung und ermöglichen stets gestaltend einzugreifen. Diese sind:

- **I** steht für **Intellect** – der intellektuelle, „rationale", fachliche, sachliche und logische Teil des Verhandlungsprozesses
- **R** steht für **Relationship** – die Beziehung zu meinem Verhandlungspartner und die Beziehung zu mir selbst – vor, während und nach der Verhandlung
- **R** steht für **Result** – das quantitative Ziel und das quantitative Ergebnis in Form von Zahlen, Daten, Fakten
- **E** steht für **Emotion** – das, was ich vor, während und nach der Verhandlung über mich, meinen Verhandlungspartner und den Verhandlungsgegenstand denke und die durch diese Einstellungen ausgelösten Emotionen

Die Bezeichnung „IRRE®" ergibt sich aus diesen Anfangsbuchstaben der vier Haupteinflussfaktoren, die über Verhandlungserfolg oder -niederlage entscheiden.

unbewusst ablaufende Vorgänge bewusst zu machen

in jeder Situation die Verhandlung aktiv gestalten können

Diese vier Haupteinflussfaktoren wirken nicht losgelöst voneinander, sondern stehen in Wechselwirkung und bilden **zwei Spannungsfelder**.

Spannungsfeld Intellekt vs. Emotion – dieses Spannungsfeld beschäftigt sich mit der Wechselwirkung von Verstand und Emotion, Logik und Gefühl, mit dem, was sich zwischen den und innerhalb der Verhandlungspartner abspielt. Diese Wechselwirkung bestimmt die innere Einstellung, die Kommunikation, das Verhandlungsklima, die Qualität der ausgetauschten Information, den Lösungswillen, das Verhandlungsergebnis. Dieses Spannungsfeld wird durch die Buchstaben I und E in IRRE repräsentiert.

Das zweite Spannungsfeld besteht zwischen Result und Relationship (quantitatives Ergebnis vs. Beziehungsergebnis) und bringt Klarheit bezüglich strategischer Vorgehensweise, Strategiewahl und deren taktischer Umsetzung. Es definiert, was in der jeweiligen Verhandlungssituation wichtiger ist – der Aufbau bzw. die Bewahrung der Beziehung zum Verhandlungspartner oder das Erreichen der (eigenen) quantitativen Ziele. Aus diesem Spannungsfeld Result vs. Relationship = Ergebnis vs. Beziehung stammen die beiden Buchstaben R und R von IRRE.

Verhandeln erscheint oberflächlich gesehen als Prozess mit vielen taktischen Umsetzungsmöglichkeiten. Betrachtet man allerdings die äußerst komplexen Zusammenhänge und Wechselwirkungen dieser vier Einflussfaktoren in den beiden Spannungsfeldern, wird verständlich, warum Verhandlungen oft völlig anders verlaufen als geplant.

2. SPANNUNGSFELD INTELLEKT VS. EMOTION (PERSONENEBENE)

Vielleicht haben auch Sie schon Verhandlungen erlebt, die nicht rational nachvollziehbar und sehr emotional waren. Wo es zwar Lösungen gegeben hätte, die jedoch unmöglich durchführbar waren, da keiner der Beteiligten eine Lösung wollte – es nur mehr ums persönliche Rechthaben ging. Waren Sie jemals so stark mit sich und Ihren eigenen Gedankengängen beschäftigt, dass Sie sich nicht mehr auf das Verhandlungsgespräch und Ihren Verhandlungspartner konzentrieren konnten? Gab es Situationen, in denen Ihnen gerade erst als die Verhandlung vorbei war, die passenden Worte, schlagfertige Argumente und kreative Lösungsmöglichkeiten eingefallen sind?

Mit all diesen Themen beschäftigt sich das Spannungsfeld Intellekt vs. Emotion.

In Seminaren und in der Praxis begegnet mir sehr oft die Annahme, Verhandeln sei ein rein intellektuell gesteuerter Prozess, bei dem es ausreichend ist, sich mit Verhandlungszielen, Verhandlungsspielräumen, Alternativen, Marktpreisen, Vergleichswerten, schlagkräftigen Argumenten etc. zu beschäftigen. Dieser Denkansatz geht davon aus, dass wir kopfgesteuerte Wesen sind, neutral, zielgerichtet, logisch, klar und emotionslos.

Bei IRRE®-Verhandeln geht es um eine ganzheitliche Sichtweise von Verhandlungen. Es geht um den intellektuellen und den emotionalen Teil, der – um erfolgreich verhandeln zu können – bewusst wahrgenommen und gesteuert werden muss. Der intellektuelle Anteil am Verhandlungsprozess ist wichtig, aber nicht alles. Er ist absolut zu wenig, um in jeder Situation erfolgreich verhandeln zu können. Denn dieser intellektuelle Teil der

ganzheitliche Sichtweise von Verhandlungen

intellektuellen und emotionalen Teil

Verhandlung hilft uns kein bisschen, wenn es in der Verhandlung heiß her geht, denn dann schaltet unsere Logik ab und unsere Emotion übernimmt die Führung. Wenn Verhandlungen emotional werden, geht es nicht mehr um Zahlen, Daten und Fakten, sondern um Emotionen, Gefühle, daraus resultierende Verhaltensweisen und ums Rechthaben.

Dieses Kapitel erläutert diese unseren Handlungen zugrundeliegenden Mechanismen.

Der intellektuelle Teil von Verhandlungen ist ein sehr wichtiger Teil, der im *Kapitel 8. „Der Verhandlungsprozess"* ausführlich behandelt wird. Wir widmen uns zuerst dem emotionalen Teil, da dieser – wie wir sehen werden – auch den intellektuellen Teil massiv beeinflusst.

➡ Kapitel 8.
„Der Verhandlungsprozess"

2.1 Blitzlicht über das Zusammenspiel Intellekt und Emotion

Beim Verhandeln geht es um Entscheidungsfindung und den Weg dorthin. Landläufig besteht die Annahme, dass Entscheidungen mit der Logik getroffen, dass Pro und Kontra sachlich abgewogen werden und dann logisch entschieden wird. *Antonio Damásio,* weltberühmter Professor für Neurologie und Psychologie, hat wissenschaftlich bewiesen und in seinem Buch „Ich fühle, also bin ich – Die Entschlüsselung des Bewusstseins" dargelegt, dass unser Körper und unser Geist in unauflösbarem Zusammenhang stehen und einander gegenseitig ständig beeinflussen. Seine Studien haben gezeigt, dass die Emotion ein integraler Bestandteil von Denk- und Entscheidungsprozessen ist. Dabei hat er Menschen beobachtet, die infolge neurologischer Schädigung bestimmter Gehirngebiete eine bestimmte Kategorie von Emotionen einbüßten. Diese Menschen konnten noch immer ihre Vernunft verwenden und die Logik eines Problems erkennen, sie konnten jedoch kei-

Emotion ein integraler Bestandteil von Denk- und Entscheidungsprozessen

ne Entscheidungen mehr treffen. Damásio schreibt: **„Of-
fenbar ist vernünftiges Denken ohne den Einfluss
von Emotionen nicht möglich** …. Sie legen ferner den
Gedanken nahe, dass die Emotion untrennbar zur Logik
des Überlebens gehört." Damásio vermutet, dass Ge-
fühllosigkeit daran hindert, verschiedenen Handlungsalternativen emotionale Werte beizumessen, die anderen
Menschen bei der Entscheidungsfindung helfen. In seiner Theorie speichern Menschen in ihrem emotionalen
Erfahrungsgedächtnis alle Erfahrungen ab, die bei der
Entscheidungsfindung abgerufen werden können. Diese
Erfahrungen wirken unbewusst in jedem Entscheidungsprozess mit und wirken oft als „Alarmglocke" oder Start-
signal.

emotionales
Erfahrungsgedächtnis

Was bedeutet diese Erkenntnis für unseren Verhandlungserfolg? Um langfristig erfolgreich zu sein, müssen
wir unsere Emotionen bewusst berücksichtigen. Wir können und dürfen sie nicht unterdrücken, nicht wegschal-
ten. Dazu ist es hilfreich, den dahinterliegenden Mechanismus zu verstehen.

Emotionen bewusst
berücksichtigen

Was sind Emotionen und was sind Gefühle?

Emotionen sind komplizierte Bündel von chemischen
und neuronalen Reaktionen, die ein Muster bilden. Wenn
wir von Emotionen sprechen, meinen wir meist eine der
von *Paul Ekman* (US-amerikanischer Anthropologe und
Psychologe, der für seine Forschungen im Bereich der
nonverbalen Kommunikation berühmt wurde) definierten sieben Grundemotionen Freude, Traurigkeit, Furcht,
Wut, Verachtung, Überraschung oder Ekel. Als sekundäre oder soziale Emotionen nennt Damásio Verlegenheit,
Eifersucht, Schuld und Stolz. Menschen können weltweit
diese Grundemotionen entschlüsseln, unabhängig davon wo sie aufgewachsen, erzogen und sozialisiert wurden. Diese Emotionen verändern die Herzfrequenz, den
Blutdruck, die Hautleitfähigkeit und die periphere Durch-
blutung.

sieben Grundemotionen

sekundäre oder soziale
Emotionen

Emotionen nach außen gerichtet

Gefühle nach innen gerichtet

Ein Gefühl haben ist nicht dasselbe wie ein Gefühl bewusst wahrnehmen und erkennen.

➜ Kapitel 10.1.1 „Regelkreis der Kommunikation"

Professionelles Verhandeln erfordert Innehalten und Reflexion der emotionalen Vorgänge in uns.

Emotionen sind **körperliche Reaktionen**, die nach außen gerichtet sind und von anderen beobachtet werden können. Ihre Aufgabe besteht darin, dem Organismus zu helfen, am Leben zu bleiben. Emotionen passieren unbewusst und können nicht bewusst gesteuert werden. **Gefühle** hingegen sind die **mentale Erfahrung der Emotion.** Sie sind nach innen gerichtet und nur von jedem selbst wahrnehmbar.

Es gibt **drei Phänomene**, die aufeinander aufbauen:
- Die Emotion, die nicht-bewusst ausgelöst wird.
- Diese Emotion löst grundlegende körperliche Veränderungen aus, durch die wir die Emotion fühlen können, durch die wir erst ein Gefühl haben.
- Das bewusste Wahrnehmen des Gefühls dieser Emotion.

Ein Gefühl haben ist nicht dasselbe wie ein Gefühl bewusst wahrnehmen und erkennen. Erst das Bewusstsein unserer Gefühle ermöglicht zu reflektieren und unsere Gefühle zu verändern.

Genau darum geht es bei IRRE®-Verhandeln – unsere Gefühle rasch wahrzunehmen, während der Verhandlung zu reflektieren, damit wir unsere Gefühle und unsere Verhaltensweisen steuern und verändern können. Nur so bleiben wir Frau/Herr der Situation und sind nicht uns und unseren Verhandlungspartnern ausgeliefert. Wie dieser komplizierte Mechanismus funktioniert wird in *Kapitel 10.1.1 „Regelkreis der Kommunikation"* beschrieben.

Professionelles Verhandeln erfordert Innehalten und Reflexion der emotionalen Vorgänge in uns.

2.2 Innere und äußere Verhandlung

Verhandeln hat unmittelbar mit Kommunikation zu tun. Ohne Kommunikation ist es unmöglich, seine Ziele zu erreichen. Bei Kommunikation in der Verhandlung denken die meisten Verhandler an das Verhandlungsgespräch, also die Verhandlung zwischen den Verhandlungspartnern. Erfolgreiche Kommunikation in Verhandlungen wird meist mit schlagfertigem Argumentieren, zielsicherem Kontern, gelungenem Überzeugen gleichgesetzt.

Doch was läuft in uns ab, während wir miteinander verhandeln? Was ist passiert, wenn ein Verhandlungspartner eine Mauer aufbaut, sich geistig ausklinkt, wie von der Tarantel gestochen auf ein Argument reagiert etc.? Landläufig werden solche Situationen unter „XY spinnt halt wieder", „XY ist unmöglich" oder ähnlich zusammengefasst. Solche Gedankengänge behindern Ihren Verhandlungserfolg! Um solche Situationen aktiv gestalten zu können, ist es wesentlich die Vorgänge in Einzelteile zu zerlegen und die Mechanismen zu verstehen.

Während einer Verhandlung gibt es zwei Arten von Kommunikation, die ständig parallel ablaufen. Unter Verhandeln verstehen wir üblicherweise die Verhandlung *zwischen* den Verhandlungspartnern – das Verhandlungsgespräch. IRRE®-Verhandeln bezeichnet dies als die äußere Verhandlung. Dieser Teil ist jedem Verhandlungspartner bewusst, auf diesen Teil bereiten sich die meisten Verhandler vor.

zwei Arten von Kommunikation

äußere Verhandlung

➡ Kapitel 10.
„Kommunikation"

Kapitel 10. „Kommunikation" widmet sich der äußeren Verhandlung. Dieser Teil der Kommunikation ist wesentlich, denn nur durch die professionelle Führung des Verhandlungsgesprächs können Sie Ihre Verhandlungsziele erreichen und die Ihres Verhandlungspartners erfahren.

Parallel zur äußeren Verhandlung läuft eine Verhandlung *innerhalb* jedes Verhandlungspartners. Diese Verhandlung mit sich selbst bezeichnet IRRE®-Verhandeln als die innere Verhandlung.

innere Verhandlung

Diese innere Verhandlung wird erfahrungsgemäß weder vorbereitet noch während der Verhandlung ausreichend beachtet oder reflektiert. Sie wird oft nicht einmal bewusst wahrgenommen, steuert jedoch maßgeblich den Verlauf des Verhandlungsgesprächs. Daher ist es erfolgskritisch, die innere Verhandlung bewusst wahrzunehmen, zu reflektieren und dadurch steuern zu können, damit die Verhandlung in die gewünschte Richtung läuft und nicht unkontrollierbar wird.

2.3 Innere Verhandlung

Die innere Verhandlung entscheidet über Erfolg oder Misserfolg der äußeren Verhandlung. Sie bestimmt unser Denken, unser Handeln, unsere Wirkung, unsere Überzeugungskraft, unsere Körpersprache. Diese innere Verhandlung **nehmen viele Menschen nur unbewusst wahr**. Sie merken, wenn sich die Stimmung verändert, sie ein unangenehmes Gefühl verspüren, verwirrt sind und sich dadurch nicht mehr auf die äußere Verhandlung konzentrieren. Oft können sie aber die Ursachen dafür während der Verhandlungssituation nicht orten und dadurch auch nicht sofort gegensteuern. Diese inneren Verhandlungen bewusst wahrzunehmen ermöglicht Ihnen, diese auch bewusst zu steuern. Und damit steuern Sie das Verhandlungsgespräch und Ihren Verhandlungserfolg!

Die innere Verhandlung entscheidet über Erfolg oder Misserfolg der äußeren Verhandlung. Sie bestimmt unser Denken, unser Handeln, unsere Wirkung, unsere Überzeugungskraft, unsere Körpersprache.

Diese inneren Verhandlungen haben zahlreiche Facetten.

IRRE®-Verhandeln unterscheidet **drei Hauptbereiche**:

- **Klarheitsfindung**: innere Verhandlungen über Zielsetzungen, Alternativen, Szenarien und deren Auswirkungen, Strategiewahl und deren taktische Umsetzung, unerwartete neue Information vom Verhandlungspartner etc.
- **Bewertungen und Einstellungen**: Was denke/fühle ich über mich, den Verhandlungspartner, was glaube ich, dass mein Verhandlungspartner über mich denkt, den Verhandlungsgegenstand, das Angebot, für wie konkurrenzfähig halte ich den Preis etc.?
- **Innere Einflüsterer**: nicht anwesende „Mitverhandler", die „auf der Schulter sitzen", beeinflussen und indirekt mitverhandeln

2.3.1 Klarheitsfindung

Durch den Informationsaustausch während der Verhandlung läuft naturgemäß das Denkhirn auf Hochtouren. Der Wissensgewinn wird mit den Überlegungen, die in der Vorbereitung angestellt wurden, und den gesteckten Zielen abgeglichen. Konsequenzen werden daraus abgeleitet, Alternativen entwickelt, taktische Umsetzung der Vorgehensweise durchdacht, um rasch reagieren zu können. Jeder Informationsgewinn, jede neue Verhandlungssituation erfordert es für sich selbst erneut eine klare Position zu finden. Dadurch blenden sich Verhandlungspartner, oft unbemerkt vom anderen, aus dem Verhandlungsgespräch aus, um mit sich selbst zu verhandeln. Im Extremfall verlieren sie sogar den anderen aus dem „Auge" und lenken im Banne der eigenen inneren Verhandlung das Gespräch auf Nebenschauplätze oder die Verhandlung dreht sich im Kreis. Jeder Verhandlungspartner ist daher während des Verhandlungsgesprächs stark mit sich selbst beschäftigt. **Dieses „Ausklinken",** dieses Überlegen **ist notwendig, um zielgerichtet verhandeln zu können.** Je besser Sie vorbereitet sind, Alternativen und Optionen durchdacht haben, desto rascher können Sie

Jeder Informationsgewinn, jede neue Verhandlungssituation erfordert es für sich selbst erneut eine klare Position zu finden.

reagieren und wieder zur äußeren Verhandlung zurückkehren.

Lösungsansatz

Wenn Sie merken, dass sich Ihr Verhandlungspartner
„ausgeklinkt" hat, gönnen Sie ihm die Zeit des Denkens.
Schweigen Sie! Ihr Verhandlungspartner würde ohnehin
nicht zuhören, da er gerade mit sich selbst beschäftigt
ist. Zeigen Sie Interesse und fragen Sie nach, um Einblicke in seine inneren Verhandlungen zu bekommen,
z.B. „Ich habe den Eindruck xy beschäftigt Sie. Was
sind Ihre Überlegungen?" oder „Welche Auswirkungen
hat für Sie diese Information/Veränderung etc.?" oder
„Ich sehe, Sie sind irritiert über …?" Sie können Ihrem
Verhandlungspartner durch gekonnte Fragestellungen
helfen, Denkprozesse anzuregen, die seiner Klarheitsfindung dienlich sind. Hilfreiche professionelle systemische
Fragestellungen werden im *Kapitel 10. „Kommunikation"*
behandelt.

➡ Kapitel 10.
„Kommunikation"

Wie reagieren Sie, wenn Sie selbst mit neuer Information „überfordert" sind? Gönnen auch Sie sich die Zeit
des Denkens! Meistens genügen einige Sekunden und
Sie können sich unbemerkt während des Verhandlungsgesprächs die nötige Klarheit verschaffen. Ansonsten
haben Sie den Mut, eine Unterbrechung zu fordern! Oft
reichen wenige Minuten, die auch ganz gut zum Durch-
lüften des Raumes genützt werden können. Auch Ihr
Verhandlungspartner wird erleichtert sein, einige Denk-
minuten geschenkt zu bekommen!

2.3.2 Bewertungen und Einstellungen

Verhandlungen können wie beschrieben völlig außer Plan
verlaufen und emotional angespannt werden. In brisan-
ten Verhandlungen hören wir Aussagen wie „Bleiben Sie
doch sachlich!", „Emotionen haben hier nichts verloren!";
„Lassen Sie doch die Emotionen beiseite, es geht nur um

Je besser Sie vorbereitet
sind, desto rascher können
Sie reagieren und wieder zur
äußeren Verhandlung
zurückkehren.

➡ Kapitel 2.1 „Blitzlicht über das Zusammenspiel Intellekt und Emotion"

Es sind nicht die Dinge, die uns beängstigen, stören, irritieren, sondern das was wir darüber denken!

das Thema." Wir haben in *Kapitel 2.1 „Blitzlicht über das Zusammenspiel Intellekt und Emotion"* gesehen, dass wir Menschen nicht ausschließlich sachlich sein können. Es geht um das **bewusste Miteinander von Intellekt und Emotion**.

Ihr Intellekt beschäftigt sich mit der fachlichen, sachlichen, logischen, strategischen Seite, der Zielsetzung, der Strategiewahl, den Rahmenbedingungen für das Verhandlungsgespräch.

Sie bewerten ständig Ihre eigenen intellektuellen Vorschläge und die Information und Verhaltensweisen Ihres Verhandlungspartners. Dies löst **Emotionen** aus, die Ihr Verhandlungspartner beobachten kann und **Gefühle**, die Sie selbst wahrnehmen. Sie bewerten, ob Sie z.B. Preise für angemessen, überzogen oder zu günstig halten; ob Sie fordern oder doch lieber bitten sollen; ob Sie das Angebot Ihres Verhandlungspartners für großzügig oder eine Frechheit halten; ob Sie sich größer/mächtiger oder kleiner als der Verhandlungspartner fühlen, ob Sie Ihren Verhandlungspartner achten oder verachten.

Emotionen prägen die innere Einstellung – die innere Einstellung prägt die Emotionen.

Es sind nicht die Dinge, die uns beängstigen, stören, irritieren, sondern das was wir darüber denken! nach *Epiktet*

BEISPIELE:

BEISPIEL 1: Angenommen, ein Verkäufer ist von sich, seinem Unternehmen, seinen Produkten und deren Preisen voll und ganz überzeugt. Dann wir er diese mit Stolz und auch Erfolg verkaufen. Falls dieser Verkäufer zum Zweifeln anfängt, die Produkte nicht mehr für konkurrenzfähig, die Preise für überhöht, die Mitbewerber als übermächtig empfindet, wird seine Wirkung beachtlich schwinden, die Erfolge werden sinken, die für den Verkauf notwendigen Rabatte steigen. Der Erfolg des Verkäufers und somit der Erfolg des Unternehmens hängt maßgeblich davon ab, was der Verkäufer über die Produkte, die Preise, das Unternehmen und sich selbst denkt, welche emotionale Einstellung er dazu hat!

BEISPIEL 2: Angenommen, Sie sind Außendienstmitarbeiter und wollen Herrn XY, einem wichtigen Kunden, ein neues Produkt vorstellen und verkaufen. Durch bisherige Kundenbesuche haben Sie Ihre folgende Einstellung geprägt: „Herr XY ist ein mieser, unverlässlicher Kerl, aber für Sie wichtig." Sie verachten ihn, schauen auf ihn herab und haben doch gleichzeitig Angst, in zu verlieren. In diesem Emotionswirrwarr betreten Sie das Büro des Kunden. Werden Sie erfolgreich sein?

BEISPIEL 3: Angenommen, Sie sind Kunde und haben eine Reklamation. Ihr Lieferant macht einen Lösungsvorschlag, bei dem Sie sich nicht ernst genommen fühlen. Sie sind verärgert und werten innerlich (vielleicht auch äußerlich) den Vorschlag und den Lieferanten ab. Diese Bewertung prägt Ihre Einstellung zum Produkt, zum Lieferanten und zum Unternehmen. Mit dieser negativen Einstellung gehen Sie zum nächsten Verhandlungstermin. Wie wird dieser verlaufen?

Wir sind nie ausschließlich sachlich, wir bewerten immer und sind emotional! Wir sind Menschen, keine Roboter! *Kapitel 10.1 „Wie wirklich ist unsere Wirklichkeit?"* zeigt die Hintergründe für diese Mechanismen.

Wir sind nie ausschließlich sachlich, wir bewerten immer und sind emotional!
➡ Kapitel 10.1 „Wie wirklich ist unsere Wirklichkeit?"

Wir sind für unsere innere Einstellung selbst verantwortlich.

Es gibt zur inneren Einstellung keine „absolute" Wahrheit. Menschen, die ihren Verhandlungspartnern mit

Misstrauen und Pessimismus begegnen, haben für ihr Verhalten genauso viele Begründungen wie Menschen, die grundsätzlich mit einem Vertrauensvorschuss und mit Optimismus in eine Verhandlung gehen. Es gibt kein richtig oder falsch, es gibt nur passend oder weniger passend, hilfreich oder hinderlich.

Einstellungen sind änderbar! Es liegt in Ihrer Hand wie Sie die Dinge bewerten und darüber denken. Jeder hat die Möglichkeit, sich durch Hinterfragen seiner Einstellungen bewusst zu werden und kann diese jederzeit ändern! Dies ist ein mühsamer, intensiver Weg des Bewusstwerdens und Umdenkens. *Kapitel 10.1.1 „Regelkreis der Kommunikation"* gibt diesbezüglich Einblicke.

➡ Kapitel 10.1.1 „Regelkreis der Kommunikation"

Erfolgreiche Verhandler definieren ganz bewusst für sie hilfreiche Einstellungen!

Erfolgreiche Verhandler definieren ganz bewusst für sie hilfreiche Einstellungen!

Ihre innere Einstellung ist spürbar, hörbar, sichtbar. Sie können sicher sein, dass Ihr Verhandlungspartner Ihre Einstellung gegenüber ihm, dem Verhandlungsgegenstand und Ihnen selbst bewusst oder zumindest unbewusst wahrnimmt.

Ihr Körper ist immer ehrlich und zeigt, wie Sie sich gerade fühlen. Viele versuchen bewusst ihre Körpersprache zu steuern, was (fast) nicht möglich ist. Achten Sie auf Ihre Gedanken, lenken Sie Ihre Gedanken und dadurch Ihre Gefühle, dann zeigt der Körper automatisch das, was Sie zeigen wollen. Ihre Körpersprache, Ihre Haltung, Ihr Tonfall, Ihre Wortwahl, all das ist für Ihren Erfolg ausschlaggebend!

2.3.3 „Innere Einflüsterer"

Oft muss man das Verhandlungsergebnis jemandem „verkaufen", sich rechtfertigen. Dies können Vorgesetzte, Kollegen, Familienangehörige, Freunde etc. sein. Auftraggeber sind Personen, in deren Auftrag Sie verhandeln, z.B. Ihr Vorgesetzter gibt Ihnen nicht nur die Verhandlungs- sondern auch die Entscheidungsmacht für eine Verhandlung. Auch wenn Ihr Chef bei den Verhandlungen nicht physisch anwesend ist, beeinflusst er indirekt die Verhandlung stark. Auftraggeber „sitzen" während der Verhandlung auf Ihrer Schulter, „verhandeln mit" und geben Anweisungen. Diese „inneren Einflüsterer" können **kraftgebend oder einschüchternd** sein.

Dies führt zu intensiven inneren Verhandlungen und schränkt dadurch die Konzentration und die Handlungsfreiheit in der äußeren Verhandlung ein. Fragen wie: „Was wird mein Chef zu dieser Lösung sagen?" „Kann ich diesem Ergebnis zustimmen oder „spinnt" dann mein Chef auf mich?" „Schätzt mich mein Chef als entscheidungsschwach ein und meine Aufstiegschancen sind ruiniert, wenn ich jetzt nicht abschließe?" und Anweisungen wie „Das darfst du dir nicht gefallen lassen!" zeigen die Präsenz dieser Einflüsterer.

Die **Selbstreflexion *während* der Verhandlung**, ein Hinhören auf unsere inneren Verhandlungen, ermöglicht rasches Reagieren auf innere Unstimmigkeiten, noch bevor diese zu einem Problem zwischen den Verhandlungspartnern werden.

3. „INNERE" GRÖSSENVERHÄLTNISSE

Im vorigen Kapitel wurde beschrieben, wie unsere bisherigen positiven und negativen Erfahrungen unsere Einstellungen prägen. Diese Einstellungen manifestieren sich in uns in „inneren Bildern". Diese Bilder können uns stärken und Mut zusprechen, aber auch schwächen und negative Gefühle auslösen. Unser Handeln wird von diesen „inneren Bildern" stark beeinflusst. Dies unabhängig von unserer fachlichen, sachlichen und logischen Vorbereitung.

Diese inneren Bilder bestimmen unser Denken, Fühlen und Handeln.

Bei der „Macht der inneren Bilder", die der Neurobiologe Prof. Dr. *Gerald Hüther* in seinem gleichnamigen Buch beschreibt, geht es genau um diese Selbstbilder, um Menschen- und Weltbilder: „Diese inneren Bilder tragen wir in unseren Köpfen umher, und sie bestimmen unser Denken, Fühlen und Handeln. Es sind im Gehirn abgespeicherte Muster, die wir benutzen, um uns in der Welt zurechtzufinden. Deshalb ist es auch aus wissenschaftlicher Sicht alles andere als belanglos, wie diese inneren Bilder beschaffen sind, Bilder, die ein Mensch sich von sich selbst macht, von seinen Beziehungen zu anderen und zu der ihn umgebenden Welt und nicht zuletzt von der eigenen Fähigkeit, das Leben nach den eigenen Vorstellungen zu gestalten."

Sie kennen vielleicht die Situation, dass sich Ihr Verhandlungspartner „arrogant" vor Ihnen aufbaut, auf Sie herabschaut und Sie sich „klein" und Ihrem Verhandlungspartner nicht gewachsen fühlen. Oder, dass Sie Ihren Verhandlungspartner nicht ernst nehmen (können) und auf ihn „innerlich" herabsehen. In all diesen Situationen, in denen Sie nicht Ihre wahre Größe spüren, gibt es in der Kommunikation Irritationen.

Meine intensiven, langjährigen Beobachtungen von Verhandlungen haben für die **Analyse der eigenen „inneren" Bilder** vereinfacht gesagt fünf Varianten von unterschiedlichen Größenverhältnissen ergeben.

3.1 Die fünf Varianten „innerer" Größenverhältnisse

3.1.1 Der Verhandlungspartner erhöht sich, „plustert" sich auf

Vielleicht sind Ihnen auch schon Verhandlungspartner begegnet, die sich „aufplustern", sich selbst erhöhen und sich dadurch mächtig fühlen. Es gibt Menschen, die einen Größenunterschied brauchen. Wie geht es Ihnen dabei? „Schrumpfen" Sie in solchen Situationen innerlich oder wehren Sie sich und erhöhen sich auch. Dann wird die Verhandlung zum Schaukampf von zwei „Sumo-Ringern".

Dieses sich „Aufplustern", sich über den anderen Stellen, spürt der Verhandlungspartner. Jeder, der sich selbst erhöht, löst Reaktionen beim Verhandlungspartner aus. Diese Größenveränderungen belasten die Verhandlungskultur, die Stimmung verschlechtert sich, Schutzwälle werden notwendig. Der Informationsfluss ist dadurch gehemmt.

Glaubenssätze, die einen innerlich zum „Größten" werden lassen, können z.B. folgende sein:

- Was will denn der von mir, der hat ja eh keine Chance!
- Der ist von mir abhängig und braucht mich sowieso!
- Ich bin mächtiger als der andere, wenn er lästig wird, schicke ich ihn einfach weg!
- Ich kenne mich viel besser aus als der andere! Mit dem ist es ein leichtes Spiel!
- Ich brauche ihn nicht, ich bekomme das was ich will auch ohne ihn!
- Ich habe es nicht nötig zu verhandeln, ich bin doch kein Bittsteller!

Sich größer zu fühlen macht nicht nur überheblich, es macht tendenziell auch unsympathisch. Aus taktischer Sicht macht es leichtsinnig und das ist beim Verhandeln sehr gefährlich. Man verliert schnell den Blick für die scheinbaren Kleinigkeiten, wenn man „abhebt". „Scheinbar Größere" wählen oft die Konkurrenzstrategie, weil sie sich ihres Erfolges sicher fühlen und unterschätzen dabei ihre Verhandlungspartner.

Verhandlungspartner, die sich „aufplustern", sind mit sich selbst beschäftigt und nehmen den anderen gar nicht wirklich wahr. Das kann zwar verletzend wirken, ist aber harmlos. Diese Situation der Überheblichkeit auf der einen Seite und des Unterschätzt-Werdens auf der anderen Seite bietet für Sie enorme Chancen. Wenn Sie

Jeder, der sich selbst erhöht, löst Reaktionen beim Verhandlungspartner aus.

➡ **Kapitel 6.3.1. „Konkurrenzstrategie"**

Verhandlungspartner, die sich „aufplustern", sind mit sich selbst beschäftigt

es schaffen, vor Ihrem „großen" Verhandlungspartner Respekt zu wahren und Ihre eigene „innere" Größe zu spüren, dann können Sie die Verhandlung durch Fragen lenken. Ihr Denkhirn arbeitet auf Hochtouren, Ihr Verhandlungspartner bearbeitet gerade sein Ego. Der „Plusterer" nimmt einen großen Teil der Verhandlung nicht wahr, das Spielfeld gehört Ihnen! Erinnert Sie das an „David und Goliath"?

Meist hören sich solche Menschen auch gerne reden. Wunderbar, dadurch erhalten Sie, wenn Sie mit Fragen gut vorbereitet sind und gut zuhören können, genau diejenigen Informationen, die Sie für die Lösung brauchen.

Nicht nur Ihre Verhandlungspartner können „Plusterer" sein. Sind Sie es selbst auch manchmal? Dann beachten Sie doch in Zukunft, wie gefährlich diese Variante für Sie sein kann!

3.1.2 Den Verhandlungspartner schrumpfen

TIPP:

Manchmal gibt es Verhandlungspartner, die einen gewissen Größenunterschied einfordern, den anderen Verhandlungspartner allerdings achten und respektieren. Diesen Größenunterschied fordern sie aufgrund der Position, des Altersunterschieds etc. ein, als Zeichen, dass ihnen der nötige Respekt gezollt wird. Diese Menschen fühlen sich **nicht gleich, sondern *gleicher***. Sich mit solchen Verhandlungspartnern auf eine Augenhöhe zu stellen, kann zu Konflikten und Machtkämpfen führen, da die Haltung von „Gleichheit" als respektlos und arrogant empfunden wird. Will man vermeiden, dass man „geschrumpft" wird, sollte man akzeptieren, dass der Verhandlungspartner diesen Respekt „braucht" und sich dadurch etwas erhöht. „Innere" Gelassenheit erspart hier Egokriege und ermöglicht produktives kreatives Verhandeln.

Dann gibt es jene Menschen, die einen Größenunterschied herstellen, indem sie ihren Verhandlungspartner schrumpfen, auf ihn herabsehen, ihn verachten. Diese

Situation ist viel anstrengender als die „Plusterer"-Variante, da der Verhandlungspartner auf Sie konzentriert ist. Die volle Aufmerksamkeit gehört Ihnen und Ihrem Ego. Das Ziel ist, Sie „klein zu kriegen". Dies führt zu Verletzungen, zu Kränkungen. Vielleicht „schrumpfen" Sie ja wirklich und Ihr Verhandlungspartner erreicht, was er will. Oder Sie wählen die Gegenreaktion und „plustern" sich ebenfalls auf, „schlagen zurück" und „schrumpfen" auch Ihren Verhandlungspartner. Ab dann können Sie die Verhandlung vergessen. Das Verhandlungsgespräch wird zur bloßen Zeitverschwendung, zum ausschließlichen Egokrieg. Das Motto „Auge um Auge, Zahn um Zahn" hat noch nie zum Erfolg geführt. Egal welche Variante Sie wählen, „schrumpfen" oder „plustern", beide Male dominiert die Emotion, die Logik ist wiederum auf Urlaub.

Wie kann ich trotzdem erfolgreich verhandeln, wenn mich mein Verhandlungspartner schrumpfen will? Es ist herausfordernd auf diese Angriffe nicht zu reagieren, aber möglich! Hinter dieser Verhaltensweise Ihres Verhandlungspartners steckt das Bedürfnis, einen Größenunterschied zu Ihnen herzustellen. Wenn Sie es schaffen, dieses Bedürfnis zu „akzeptieren", dann können Sie „gleich" bleiben und Ihre Größe, Ihre innere Haltung bewahren. Sie brauchen diesen Kränkungsversuch nicht persönlich zu nehmen und als Angriff gegen sich aufzufassen. Wie im *Kapitel 2.3.2 „Bewertungen und Einstellungen"* beschrieben, liegt die Verantwortung für die Bewertung, ob Sie etwas als kränkend empfinden oder nicht, ausschließlich bei Ihnen! Die Verhaltensweise Ihres Verhandlungspartners sagt etwas über ihn aus, es geht um Selbstoffenbarung von Bedürfnissen und es liegt ausschließlich an Ihnen darauf einzusteigen oder nicht. Wenn Sie es schaffen, dieses Verhalten zu respektieren und nicht darauf einsteigen, liegt der größte Vorteil darin, dass Sie den Zugang zu Ihrer Logik behalten und weiter intelligent verhandeln können. Dadurch bleiben Sie bei

➡ Kapitel 2.3.2 „Bewertungen und Einstellungen"

der eigentlichen Verhandlung und driften nicht auf einen Nebenschauplatz in einen Egokrieg ab.

Hand aufs Herz: Schrumpfen auch Sie manchmal Ihre Verhandlungspartner?

3.1.3 Sich selbst „innerlich schrumpfen"

inneres Schrumpfen

Vielleicht kennen Sie ja das Gefühl, dem Verhandlungspartner nicht gewachsen zu sein, sich „klein" und unterlegen zu fühlen. Dies hat zur Folge, dass Sie sich innerlich selbst „schrumpfen". Man ordnet sich dabei im vorauseilenden Gehorsam dem Verhandlungspartner unter, weil Negatives erwartet wird bzw. negative Erfahrungen mit diesem Verhandlungspartner gemacht wurden.

Auf diese Weise können Sie nicht Ihre ganze Kraft, Ihr ganzes Können in die Waagschale legen. Die „Geschrumpften" blicken automatisch zum Verhandlungspartner auf. Dies kann für den anderen schmeichelnd oder belastend wirken oder sogar Wut auslösen („Sag doch endlich, was Du möchtest!").

Solche oder ähnliche innere **Glaubenssätze** können Sie kleiner machen („schrumpfen"):

- Ich kann nicht (Preise) verhandeln!
- Ich werde sowieso nur über den Tisch gezogen!
- Ich bin meinem Verhandlungspartner nicht gewachsen!
- Was tue ich, wenn es wieder schief geht?
- Ich bin doch vom Verhandlungspartner abhängig, ich hab sowieso keine Chance!

Verhandlungspartner, die sich innerlich schrumpfen, wählen oft die Anpassungs- oder Vermeidungsstrategie. Wenn Sie die Anpassungsstrategie wählen, bedeutet dies, dass Sie lieber auf das eigene Ziel, den eigenen Verhandlungserfolg verzichten, um nicht die Beziehung zum Verhandlungspartner zu belasten. Wenn Sie die Vermeidungsstrategie wählen, verzichten Sie gleich darauf in den Verhandlungsring zu steigen und nehmen sich dadurch selbst jede Chance auf Erfolg.

Wie kann ich meine innere Größe bewahren und nicht „schrumpfen"?

Der Schlüssel dazu liegt in der intensiven emotionalen und intellektuellen Vorbereitung. Dazu finden Sie im *Kapitel 8. „Der Verhandlungsprozess"* ausreichend Information.

➡ Kapitel 8.
„Der Verhandlungsprozess"

Wie aber gehen Sie mit einem Verhandlungspartner um, der sich selbst „innerlich" schrumpft? Ist er willkommenes, leichtes Fressen? Wenn Sie konkurrenzorientiert denken – ja. Wollen Sie jedoch den Erfahrungsschatz, das Wissen Ihres Verhandlungspartners für eine optimierte Lösung nutzen, dann brauchen Sie einen „arbeitsfähigen" Verhandlungspartner. Wenn Sie Ihrem Verhandlungspartner emotional ebenbürtig entgegentreten, ihm Vertrauen schenken, dann wird Ihr Verhandlungspartner „wachsen" und zu seiner wahren Größe aufblühen. Davon profitieren beide!

3.1.4 Freundlich aber verachtend

Wieder andere agieren nach außen (oft übertrieben) freundlich, „schrumpfen" dabei aber innerlich den Verhandlungspartner, da sie schlecht über ihn denken. Durch dieses Verhalten leidet die Authentizität der Kommunikation. Diese innere Einstellung findet man oft bei Abhängigkeits- und Machtverhältnissen. Aus Angst vor Konsequenzen bemüht man sich freundlich zu sein. Sprüche wie „du brauchst ihn ja, also sei freundlich", „verscherz es dir nicht mit ihm, denken kannst du dir ja was du willst", verdeutlichen diese Einstellung. Diese Freundlichkeit ist gespielt, und das merkt der Verhandlungspartner. Die Stimmung ist meist „friedhöflich", scheinbar „friedlich" und höflich, aber auch etwas unheimlich und unangenehm. Durch die entgegengebrachte Höflichkeit bleibt der „scheinbar Freundliche" jedoch unantastbar. Vertrauen kann nicht aufgebaut werden und ehrliche

Vertrauen kann dabei nicht aufgebaut werden und ehrliche Information wird zur Mangelware.

➡ **Kapitel 6.3.1.**
„Konkurrenzstrategie"

Information wird zur Mangelware. Meist wird daher nur oberflächliche Information ausgetauscht. Der „scheinbar Freundliche" wählt oft die Konkurrenzstrategie, die zwar knallhart, aber freundlich verpackt ist. Er empfindet keinen Respekt für den Verhandlungspartner, verachtet ihn und empfindet ihn als unterlegen. Dies birgt die Gefahr, unvorsichtig und unachtsam zu werden, nicht genau hinzuhören, die Information nicht wahr zu nehmen. Dadurch werden Chancen übersehen, die zu besseren Ergebnissen führen könnten.

3.1.5 Emotionale Ebenbürtigkeit

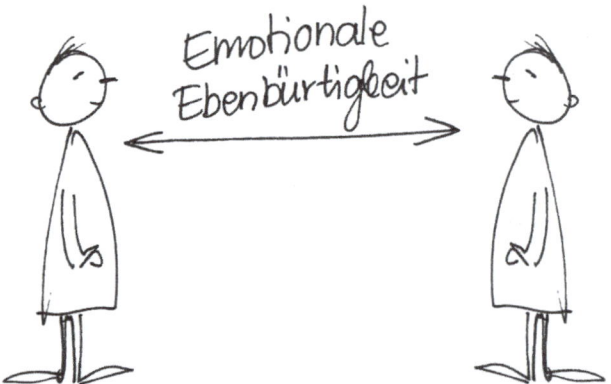

Es wird gemeinsam an Lösungen gearbeitet.

Bei dieser inneren Haltung wird **„auf einer Augenhöhe"**, von Mensch zu Mensch verhandelt. Die Verhandlungspartner begegnen einander ebenbürtig und gleichwertig. Es wird um Themen verhandelt, gemeinsam an Lösungen gearbeitet. Das Denkhirn kann sich voll auf den Verhandlungsgegenstand, die Bedürfnisse und Interessen von Ihnen und Ihrem Verhandlungspartner konzentrieren. Das Ego ist diesmal ganz entspannt, da es nicht angegriffen wird. Dies ist die einzige effiziente Verhandlungsform, da keine Zeit für „Größer-Kleiner-Spiele" verschwendet wird.

Die Verhandlungspartner werden als Vertreter von Positionen, Bedürfnissen und Interessen gesehen. Auch wenn die (berufliche) Rolle, die Funktion, „offiziell" unterschiedliche Machtverhältnisse zur Folge hat, kann ebenbürtig miteinander verhandelt werden. Diese Machtverhältnisse können z.B. in Positionsmacht (z.B. Vorgesetzter und Mitarbeiter), in Marktmacht (z.B. Monopolist) oder Abhängigkeitsverhältnissen (z.B. Eltern und Kinder) begründet sein. Bedeutet ein „Machtunterschied" aber automatisch, dass es auch empfundene Größenunterschiede geben muss? Welchen Sinn macht es, wenn der Mächtigere auf seinen „scheinbaren" strategischen Vorteil verzichtet und auf einer Augenhöhe verhandelt? Es scheint vorerst ein Verzicht zu sein und ist doch ein Gewinn. Emotionale Ebenbürtigkeit unterstützt den Austausch offener und vor allem auch ehrlicher Information und nur dadurch können alle Verhandlungspartner wertvollere Ergebnisse erzielen. Machtverhältnisse können sich rasch ändern.

Emotionale Ebenbürtigkeit unterstützt den Austausch offener und ehrlicher Information und nur dadurch können alle Verhandlungspartner wertvollere Ergebnisse erzielen.

3.2 „Innere" Größenverhältnisse und Körpersprache

Wie Sie sich innerlich fühlen ist sichtbar, spürbar und hörbar. Einigen Ihrer Verhandlungspartner wollen und können Sie zeigen, was Sie über sie fühlen und denken. Bei anderen wiederum haben Sie vielleicht Angst vor Konsequenzen und agieren daher übertrieben freundlich. Jeder Mensch merkt, was andere über ihn denken, unabhängig davon, ob „äußerlich" scheinbar freundlich gehandelt wird. Wir alle sind transparent, auch wenn wir es nicht wahrhaben wollen!

Wodurch?

Beobachten Sie doch, wie die Armbewegungen sind, wenn sich Ihr Verhandlungspartner **aufplustert**. Die Armbewegungen sind mit fast an Sicherheit grenzender Wahrscheinlichkeit von oben nach unten, die Handflächen zeigen nach unten. Die Oberarme sind weit weg vom Oberkörper, die Beine breit. Es wird viel Raum eingenommen. Der Rücken ist gerade, die Schultern gespannt zurück, der Würdepunkt wird gezeigt. Der Körper hat Spannung. Die Stimme ist tiefer als sonst, die Wortwahl „derber". „Bitte und danke" und das Signalwort „wir" werden zu Fremdwörtern.

Wie aber nehmen Sie Ihren Verhandlungspartner wahr, wenn er sich **selbst schrumpft**?

Die Armbewegungen sind bittend, von unten nach oben – wie ein kleines Kind, die Handflächen zeigen meist nach oben. Die Arme schmiegen sich an den Oberkörper, die Beine sind schmal aneinander gedrückt. Es wird wenig Raum eingenommen. Der Rücken ist rund, die Schultern nach vorne gebeugt und manchmal sogar nach oben gezogen, um den Hals zu schützen. Der ganze Körper zeigt wenig Spannung. Die Stimme ist höher als üblich, Konjunktive prägen die Formulierungen (wäre es möglich, könnte ich vielleicht, könnte ich bitte eventuell etc.), Entschuldigungen sind an der Tagesordnung. Das Wort „wir" ist aus der Sicht des „Geschrumpften" fast unmöglich zu verwenden, da es gleiche Augenhöhe erfordert.

Auch **emotionale Ebenbürtigkeit** erkennen Sie an der Körperhaltung, der Wortwahl, dem Tonfall. Ebenbürtige Verhandlungspartner vermitteln Gelassenheit, Aufrichtigkeit und Interesse am Verhandlungspartner. Daher halten ebenbürtige Verhandler Augenkontakt in Augenhöhe. Armbewegungen sind vor allem horizontal. Der Tonfall entspricht der natürlichen Tonlage. Ebenbürtige Verhandler streben stabile, nachhaltige Lösungen für alle an. Dadurch verwenden sie gerne das Wort „wir". Durch das ehrliche Interesse am Visavis ist Spannung im Gespräch und daher auch interessierte Spannung in den Körpern der Verhandlungspartner.

Dies ist nur ein kurzer Auszug dessen, woran jeder die empfundene „innere" Größe erkennt, bewusst oder unbewusst.

Die Beobachtung Ihrer eigenen Körperhaltung und Ihres Tonfalls kann ein gutes Indiz für Sie sein, Ihre augenblickliche innere Einstellung bewusst wahrzunehmen. Dadurch können Sie jederzeit zielgerichtet gegensteuern. Nützen Sie doch Ihre nächsten Verhandlungen ganz bewusst dazu, die Körperhaltung Ihres Verhandlungspartners zu beobachten, achtsam wahrzunehmen, damit Sie unmittelbar auf „Größenveränderungen" reagieren können. Achten Sie auch auf Ihre eigene Körperhaltung, Ihre Stimmlage, Ihre Wortwahl, denn all dies wird von Ihrem Verhandlungspartner bewusst oder unbewusst wahrgenommen. Durch Selbstbeobachtung und Selbstwahrnehmung können Sie jederzeit Ihre äußere und innere Haltung verändern!

Sie können jederzeit Ihre äußere und innere Haltung verändern!

3.3 Analyse Ihrer „inneren" Größenverhältnisse

Auch Sie haben Ihre höchstpersönliche Vorgeschichte zu Verhandlungen und durch Ihre Erfahrungen auch Ihr Bild von Ihnen in der Rolle als Verhandlungspartner erschaffen.

- Haben Sie eine **Präferenz** für ein bestimmtes „inneres" Größenverhältnis, wenn Sie an Verhandlungssituationen denken?
- Wenn Sie an eine **ideal** verlaufene, äußerst erfolgreiche Verhandlung denken, wie waren dabei die „inneren" Größenverhältnisse und wie haben Sie sich dabei gefühlt?
- Wenn Sie an eine „**suboptimal**" verlaufene Verhandlung mit einem für Sie „schwierigen" Verhandlungspartner denken, wie waren dabei die „inneren" Größenverhältnisse und wie haben Sie sich dabei gefühlt?

Nützen Sie die Chance, von Ihnen vertrauten Verhandlungspartnern Feedback einzuholen, in welchem „inneren" Größenverhältnis Sie wahrgenommen werden!

Das Empfinden von Größenverhältnissen ist kein Faktum, sondern eine (eigene) Konstruktion.

Welchen Nutzen haben Sie davon, Klarheit darüber zu haben, wie groß oder klein Sie sich gegenüber Ihrem Verhandlungspartner fühlen bzw. wie Sie vom Verhandlungspartner gesehen werden? Durch das eigene Wahrnehmen der empfundenen Größenverhältnisse können Sie gegensteuern und sind nicht Ihrer Einstellung ausgeliefert. Das Empfinden von Größenverhältnissen ist kein Faktum, sondern eine (eigene) Konstruktion. Sie können Ihre Einstellung, Ihr „inneres" Größenverhältnis jederzeit ändern, neu konstruieren!

Wie Sie sich in einer bestimmten Verhandlung fühlen, welches „innere" Bild die jeweilige Situation in Ihnen auslöst, ist von strategischer Bedeutung. Sich der Bilder bewusst zu werden, ist der erste Schritt. Sie in positive, unterstützende Bilder umzuwandeln, der zweite, ganz wesentliche Schritt.

Es gibt Verhandlungspartner, die eine eindeutige Präferenz einzelner „innerer" Bilder haben, dementsprechend handeln und so ihr Image klar prägen. Andere wiederum wechseln ständig ihr „inneres" Größenempfinden, z.B. als Mitarbeiter „schrumpfen" sie sich, wenn es um Gehaltsverhandlungen geht, bei Kollegen empfinden sie sich ebenbürtig oder plustern sich auf.

Wie aber erschaffen Sie Ihr gewünschtes „inneres" Größenverhältnis?

> ### STELLEN SIE SICH VOR UND WÄHREND JEDER VERHANDLUNG DIE 6 MAGISCHEN FRAGEN DER EMOTIONALEN KLARHEIT:
>
> 1. Was denke ich über **mich** in der Rolle als Verhandlungspartner bzw. -partnerin? (Was kann ich gut, was weniger, was sind meine Stärken, wovor habe ich Angst, was gibt mir Kraft etc.)
> 2. Was denke ich über meinen **Verhandlungspartner?** (Achte oder verachte ich ihn, halte ich ihn für ehrlich oder unehrlich etc.)
> 3. Was denke ich über den **Verhandlungsgegenstand?**
> 4. Was glaube ich, denkt mein **Verhandlungspartner über mich,** den Verhandlungsgegenstand und sich selbst?
> 5. Wie **groß oder klein** fühle ich mich im Vergleich zu meinem Verhandlungspartner?
> 6. Sind diese **Einstellungen** für die kommende Verhandlung hilfreich oder hinderlich und sollte ich diese nochmals überdenken?

Nur wenn Sie alle sechs Fragen positiv beantworten können, steigen Sie in den Verhandlungsring. Wenn nicht, dann liegt es ausschließlich an Ihnen „umzudenken"! Diese sechs Fragen werden in *Kapitel 8. „Der Verhandlungsprozess"* ausführlich behandelt.

➡ Kapitel 8.
„Der Verhandlungsprozess"

Nehmen Sie Ihre Eigenverantwortung für Ihre Gedanken wahr! Gestalten Sie bewusst, wie Sie über sich, Ihren Verhandlungspartner und den Verhandlungsgegenstand denken! **Was Sie denken, wie Sie fühlen, so handeln Sie!** Probieren Sie es doch einfach aus!

Nehmen Sie Ihre Eigenverantwortung für Ihre Gedanken wahr!

Sie werden vermutlich bereits mit allen verschiedenen „inneren Größenverhältnissen" Erfahrungen gemacht haben, je nach Verhandlungspartner, Verhandlungsgegenstand oder eigenem Gemütszustand. Für Ihre erfolgreichen Verhandlungen ist es wichtig, rasch unterschiedliche Größenverhältnisse zu erkennen, um gegensteuern zu können, bevor sich die Fronten verhärten oder Sie an Boden verlieren.

4. IRRE®-VERHANDELN – GRUNDHALTUNG

In unserer heutigen schnelllebigen Geschäftswelt werden Tugenden wie **„Aufrichtigkeit", „Ehrlichkeit", „Respekt"** und **„Achtsamkeit"** oft als antiquiert und realitätsfremd abgetan. Erscheinen doch andere Eigenschaften viel erfolgversprechender. Auf dem Weg die Karriereleiter nach oben und zu beruflichem Erfolg sind „Gewinnertypen" gefragt. In Bezug auf Verhandlungen gewiefte Kämpfer und Bluffer und wenn es hilft auch „Flunkerer". Zweifellos lassen sich dadurch manche kurzfristigen Erfolge erzielen. Allerdings sind diese Erfolge Pyrrhussiege! Der Grat zwischen Sieg und Niederlage ist ein schmaler und ehe man sich versieht, ist der ehemalige Gewinner auf der Verliererstraße. Die aktuelle Medienberichterstattung ist voll von ehemaligen „scheinbar" Erfolgreichen.

Bei Verhandlungen zu bluffen, zu flunkern, zu unter- oder übertreiben ist all das, was man im Privatleben „lügen" nennt. **Selten wird so viel gelogen wie bei Verhandlungen** und noch dazu wird dies in diesem Zusammenhang von vielen als schlau und klug angesehen – ohne zu merken, dass der Sinn von Verhandlungen dabei völlig verloren geht. Warum glauben wir damit in Verhandlungen erfolgreich zu sein? Sind die Auswirkungen doch dieselben, es werden Unwahrheiten ausgetauscht, Vertrauen wird missbraucht oder gar gebrochen. Dies trifft den Verhandlungserfolg an seiner empfindlichsten Stelle, daher ist derart zu verhandeln absolute **Zeitverschwendung**. Der Austausch ehrlicher Information bedarf ganz bestimmter Rahmenbedingungen.

Bei Verhandlungen zu bluffen, zu flunkern, zu unter- oder übertreiben ist all das, was man im Privatleben „lügen" nennt.

4.1 Voraussetzungen für ehrlichen Informationsfluss

Die Zauberformel für Ihren Verhandlungserfolg lautet: Haben Sie ehrliches Interesse an Ihrem Verhandlungspartner!

Haben Sie ehrliches Interesse an Ihrem Verhandlungspartner!

Die erste und wichtigste Voraussetzung ist die **eigene Überzeugung, durch Ehrlichkeit zum Erfolg zu kommen**! Wir alle wissen, dass Ehrlichkeit durch nichts in der Welt – nicht einmal durch Folter – erzwungen werden kann. Ehrlichkeit ist immer ein Geschenk und keine Selbstverständlichkeit! Ehrlichkeit ist jedoch absolute Notwendigkeit, um effizient verhandeln zu können! Wir sind all abhängig von der ehrlichen Information der anderen, um fundierte und professionelle Entscheidungen treffen zu können: Aufsichtsräte von Vorständen, Vorgesetzte von Mitarbeitern, Einkäufer von Verkäufern, Eltern von Kindern etc. Und natürlich gilt dies auch in umgekehrter Richtung.

Ehrlichkeit ist absolute Notwendigkeit, um effizient verhandeln zu können!

Die zweite Voraussetzung ist die Grundeinstellung des **Vertrauen**s. Dabei stehen folgende Fragen im Mittelpunkt: Was macht mein Verhandlungspartner mit der gegebenen Information? Kann ich darauf vertrauen, dass die Information diskret behandelt und auch nicht gegen mich verwendet wird?

Dies ist besonders schwierig, wenn Ihr Verhandlungspartner ein nicht vertrauensvolles Image hat oder Sie diesbezüglich schlechte Erfahrungen gemacht haben. Sobald Vertrauen brüchig ist, bauen wir Schutzwälle, die massiv den Informationsfluss hindern und beginnen verstärkt unsere eigenen Ziele zu verfolgen.

Machen Sie trotzdem den ersten Schritt: Begegnen Sie Ihrem Verhandlungspartner mit einem Vertrauensvorschuss. Achtung! Vertrauen heißt nicht blindes Vertrauen, denn Naivität hat beim Verhandeln nichts verloren. Es gibt keine Alternative zwischen Ehrlichkeit und Unehrlichkeit, jedoch der Grad der Offenheit hängt massiv vom Vertrauen zum Verhandlungspartner ab.

Naivität hat beim Verhandeln nichts verloren.

Das einzig „Gefährliche" beim Verhandeln ist die „gegebene Information". Überlegen Sie genau, wann Sie welche Information an wen geben. Wie aber können Sie erfolgreich verhandeln, ohne vorauseilend Information zu geben? Bereiten Sie im Vorfeld diejenigen Fragen vor, deren Antwort Sie brauchen, um Mehr-Wert schaffen zu können.

Durch Fragenstellen erhalten Sie wertvolle Information. Argumentieren Sie jedoch, verschleudern Sie leichtfertig Information. Fragenstellen und Hinhören zeigt dem Verhandlungspartner ernst genommen zu werden. Dies fördert ein offenes Verhandlungsklima. Die Qualität der Antworten Ihres Verhandlungspartners zeigt dessen Einstellung zum Thema Ehrlichkeit! Geben Sie Information nur Zug um Zug. Es geht um einen wechselseitigen Austausch! Steigern Sie die Verbindlichkeit der Aussagen erst wenn Ihr Verhandlungspartner auch dazu bereit ist, insbesondere bei sensibler Information. Einmal gegeben, ist keine Information mehr zurückzuholen.

Die dritte Voraussetzung ist ein **angenehmes und konstruktives Verhandlungsklima**. Sie können das Verhandlungsklima durch entsprechende Gestaltung der Umgebung und auch durch Ihr Verhalten und Ihre Wortwahl wesentlich beeinflussen.

Die vierte Voraussetzung für einen ehrlichen Informationsfluss ist **Aufrichtigkeit und emotionale Ebenbürtigkeit.** Das bedeutet, Sie begegnen Ihrem Verhandlungspartner emotional auf der gleichen Augenhöhe, auch wenn Sie unterschiedlichen Hierarchieebenen angehören. Nur wenn zwei Verhandlungspartner einander – ungeachtet der unterschiedlichen Standpunkte in der Sache – in Ebenbürtigkeit und gegenseitigem Respekt gegenüberstehen, kann ehrliche Information ausgetauscht werden.

Bereiten Sie im Vorfeld diejenigen Fragen vor, deren Antwort Sie brauchen, um Mehr-Wert schaffen zu können.

Einmal gegeben, ist keine Information mehr zurückzuholen.

Nur wenn zwei Verhandlungspartner einander in Ebenbürtigkeit und gegenseitigem Respekt gegenüberstehen, kann ehrliche Information ausgetauscht werden.

4.2 Aufrichtigkeit und emotionale Ebenbürtigkeit

Der Duden definiert Aufrichtigkeit folgendermaßen: Aufrichtigkeit (das Aufrichtigsein) bedeutet der „eigenen, inneren Überzeugung ohne Verstellung Ausdruck geben." Aufrichtigkeit bezeichnet ein Merkmal persönlicher Integrität.

Die inneren Haltungen von „Aufrichtigkeit" und „emotionaler Ebenbürtigkeit" sind für mich diejenigen, die Verhandlungen erfolgreich und einzigartig machen. Aufrichtigkeit und Ebenbürtigkeit sind der direkteste Weg zum Erfolg, weil sie Folgendes bewirken.

- **Zeiteffizienz**, da man die Zeit für Blockaden, Lügen, Verstimmungen, Verhandlungsabbrüche und Neuauflagen spart.
- **Schonen des Egos**, da keiner den anderen Verhandlungspartner als Mensch angreift, im Gegenteil, jeder Verhandlungspartner hat ehrliches Interesse an den Sichtweisen des anderen, keine Gefahr von Gesichtsverlust, das es keine Lügen aufzudecken gibt.
- **Mehr-Wert-Orientierung**: Gemeinsam wird für alle Verhandlungspartner die bestmögliche Lösung gesucht.
- **Nachhaltig**keit: Durch stabile Lösungen hat keiner das Interesse die Vereinbarung zu umgehen.
- **Geradlinig**, **ressourcensparend,** keiner braucht aufwändig einen Schein zu wahren oder Lügengebäude aufrechtzuerhalten; jeder kann sich voll und ganz auf die Verhandlung konzentrieren.
- Ermöglicht **intelligentes Verhandeln**, da Aufrichtigkeit einen angstfreien Zustand erzeugt, in dem keiner den anderen über den Tisch ziehen will.

4.3 Ebenbürtigkeit: Machtverzicht oder doch Gewinn für den Mächtigeren?

Spielen Sie Ihre Macht aus, ist das mit Folgen verbunden. Sie bekommen als der Größere, Mächtigere vermutlich nur die Information, die sich nicht verheimlichen lässt. Sie werden wenig ehrliche, sondern geschönte und vor allem selektiv ausgewählte Informationen erhalten. Dadurch gehen Sie das Risiko ein, Fehlentscheidungen zu treffen, da die Informationsbasis lückenhaft und fehlerhaft ist. Als Mächtiger haben Sie zwar die Entscheidungsmacht, sind aber von den Informationen Ihrer Untergebenen abhängig. Sie haben als Mächtiger auch die Kontrollmacht und daher naturgemäß Zugang zu Information. Allerdings beruht Information, die Sie bereits kontrollieren können auf vergangenen Daten. Je aktueller die Information ist, die Sie erhalten, desto wertvoller ist sie als Entscheidungsgrundlage. Diese wertvolle, zeitnahe Information können Sie jedoch nur freiwillig erhalten. Unabhängig von hierarchischen Ebenen emotional ebenbürtig, also von Mensch zu Mensch, zu verhandeln, hat daher hohen Nutzen für hierarchisch Höhergestellte!

4.4 Ebenbürtigkeit aus neurowissenschaftlicher Sicht

Wir sind – aus neurobiologischer Sicht – auf soziale Resonanz und Kooperation angelegte Wesen. Kern aller menschlichen Motivation ist es, zwischenmenschliche Anerkennung, Wertschätzung, Zuwendung oder Zuneigung zu finden und zu geben.

Folgt man den Ausführungen des renommierten Medizinprofessors und Psychotherapeuten *Joachim Bauer* in seinem Buch „Prinzip Menschlichkeit", wird die weitverbreitete These, der Mensch sei primär auf Egoismus und Konkurrenz eingestellt, sehr rasch widerlegt. „Wir sind – aus neurobiologischer Sicht – auf soziale Resonanz und Kooperation angelegte Wesen. Kern aller menschlichen Motivation ist es, zwischenmenschliche Anerkennung, Wertschätzung, Zuwendung oder Zuneigung zu finden und zu geben." Demnach zeigen aktuellste neurowissenschaftliche Erkenntnisse, dass unser Gehirn ein gelungenes Miteinander mit der Ausschüttung von Botenstoffen belohnt, die als Resultat gute Gefühle und Gesundheit erzeugen. Nichts aktiviert die Motivationssysteme so sehr, wie der Wunsch von anderen gesehen zu werden, die Aussicht auf soziale Anerkennung, das Erleben positiver Zuwendung und erst recht die Erfahrung von Liebe.

Nun, Sie brauchen Ihren Verhandlungspartner nicht zu lieben, Sie sollten ihn jedoch respektieren, um ihm wertschätzend und ebenbürtig begegnen können. Ein offenes Aufeinander-Zugehen erspart emotionale Grabenkämpfe und Energie für Angriff und Verteidigung. Sie können Ihre Ressourcen zielführend einsetzen und angstfrei, vertrauensvoll und mit Kreativität verhandeln.

5. SPANNUNGSFELD ERGEBNIS VS. BEZIEHUNG (STRATEGIEEBENE)

Jede Verhandlung führt zu einem quantitativem Ergebnis und hat bewusst oder unbewusst auch Auswirkungen auf die Beziehung der Verhandlungspartner.

Jede Verhandlung führt zu einem quantitativem Ergebnis und hat bewusst oder unbewusst auch Auswirkungen auf die Beziehung der Verhandlungspartner.

Jede Verhandlung führt zu zwei Arten von Ergebnissen:

- das quantitative Ergebnis (Zahlen, Daten, Fakten) und
- das Beziehungsergebnis

Das quantitative Ergebnis stellt das Verhandlungsergebnis dar, das niedergeschrieben oder mündlich vereinbart wird.

➡ **Kapitel 8. „Der Verhandlungsprozess"**

Das **quantitative Ergebnis** stellt das „eigentliche" Verhandlungsergebnis dar, das entweder in einem Vertrag niedergeschrieben oder mündlich vereinbart wird. Meist setzen sich Verhandlungspartner vor einer Verhandlung Ziele über Preise, Mengen, Liefertermine etc. – was auch immer sie Zahlen-Daten-Fakten-mäßig erreichen wollen. Nähere Information zum Zielesetzen und zur Vorbereitung finden Sie im *Kapitel 8. „Der Verhandlungsprozess"*.

Erfahrungsgemäß stellen sich sehr wenige Verhandler *vor* einer Verhandlung die Frage: „Wie soll die Beziehung zum Verhandlungspartner *nach* dieser Verhandlung aussehen?" Es ist daher kein Wunder, dass sich viele im Nachhinein wundern, warum die Beziehung belastet ist, der Verhandlungspartner schlecht über einen spricht, der eigene Ruf (vermutlich ungerechterweise) angekratzt ist. Das **Beziehungsergebnis** stellt den Auf- bzw. Abbau an Vertrauen dar. Es entscheidet, ob man beim nächsten Mal mit einem Freund oder einem Feind verhandelt, ob sich der Verhandlungspartner, den man vorher möglicherweise kurzfristig erfolgreich über den „Tisch gezogen" hat, rächen will oder ob es ein Miteinander-Klären-Wollen ist. Das Beziehungsergebnis hat nicht nur Auswirkungen auf den unmittelbaren Verhandlungspartner, sondern auch auf Ihr Image, Ihren Ruf und dadurch auf alle zukünftigen Verhandlungen. Achten Sie daher ganz bewusst auf Ihr Image als Verhandlungspartner. Im Anhang finden Sie die Checkliste „Die vier Schritte zu Ihrem persönlichen Ziel-Image", die Ihnen hilft, ganz bewusst Ihr Ziel-Image zu definieren und zu erreichen.

Das Beziehungsergebnis stellt den Auf- bzw. Abbau an Vertrauen dar.

Achten Sie ganz bewusst auf Ihr Image als Verhandlungspartner.

➡ **Kapitel 11.3. „Die vier Schritte zu Ihrem persönlichen Ziel-Image"**

Oft wird auch Beziehung mit guten Umgangsformen, mit Höflichkeit, mit Smalltalk verwechselt. Wenn Verhandlungspartner einander nicht schätzen und schlecht übereinander denken, gutes Benehmen jedoch höfliche Umgangsformen verlangt, dann ist noch lange keine vertrauensvolle Beziehung zwischen den Verhandlungspartnern hergestellt. Vertrauensvolle Beziehungen erfordern das Wahrnehmen der Persönlichkeit des Verhandlungspartners. Äußerlich freundlich zu sein und innerlich feindlich zu denken, irritiert das Verhandlungsklima. Sie können sicher sein, der Verhandlungspartner merkt, wie Sie über ihn denken, unabhängig davon wie höflich Sie auch sein mögen! Wir Menschen sind viel ehrlicher als wir glauben, denn unser Körper lügt nie.

Äußerlich freundlich zu sein und innerlich feindlich zu denken, irritiert das Verhandlungsklima.

Langfristig wirken sich Ergebnisse, die auf Kosten der Beziehung erzielt werden, negativ aus. Daher können schnelle Gewinne auf Dauer gesehen hohe Verluste darstellen. Andererseits kann sich die Investition in eine vertrauensvolle Beziehung langfristig im quantitativen Ergebnis positiv auswirken. Nur wenn das Beziehungsziel vor der Verhandlung klar definiert ist, wird es auch während der Verhandlung bewusst berücksichtigt werden (können).

Neben der Beziehung zum Verhandlungspartner gibt es noch eine zweite Art der Beziehung, die Beziehung zu Ihnen selbst. Wem nützt es, wenn die Beziehung zu Ihrem Verhandlungspartner scheinbar passt, die Beziehung zu Ihnen selbst jedoch leidet, weil Sie Ihre eigenen Ziele nicht erreichen können? Dies ist auf lange Sicht keine Alternative. Der Volksmund sagt zwar „der Klügere gibt nach", aber das ist auch nur ein schwacher Trost. Auf Dauer hat es einen hohen emotionalen Preis, sich ständig anzupassen, auf die eigenen Ziele zu verzichten und keine Erfolge verzeichnen zu können.

Vielleicht kennen Sie Gedankengänge wie „Warum gebe ich immer nach und lasse mir alles gefallen?", „Ich komme immer zu kurz, immer geht es nur um die anderen!" oder Selbstanschuldigungen wie „Was bin ich für ein ......", immer bekommen die anderen was sie wollen", „Ich gebe immer nach, damit die anderen nicht auf mich „spinnen"!" All dies sind ziemlich unproduktive Gedanken, wenn es um die Beziehung zu sich selbst geht.

Langfristig muss die Beziehung zum Verhandlungspartner und zu Ihnen selbst positiv sein!

Langfristig muss die Beziehung zum Verhandlungspartner und zu Ihnen selbst positiv sein!

Wie das Spannungsfeld Beziehung vs. Ergebnis wirkt, ist nun ausreichend beschrieben. Innerhalb dieses befinden sich die fünf Verhandlungsstrategien, denen das gesamte nächste Kapitel gewidmet ist.

Die Qualität des **Gesamtergebnis**ses kann ausschließlich als Kombination von quantitativem Ergebnis R_{ϵ} und Beziehungsergebnis $R_{\heartsuit}$ gesehen werden und wird durch die Beziehungsebene bestimmt.

Professionelles Verhandeln erfordert das Planen und Berücksichtigen des quantitativen und des beziehungsmäßigen Ergebnisses!

Die Qualität des Gesamtergebnisses kann ausschließlich als Kombination von quantitativem Ergebnis R_ϵ und Beziehungsergebnis $R_\heartsuit$ gesehen werden und wird durch die Beziehungsebene bestimmt.

6. VERHANDLUNGSSTRATEGIEN

Sie haben sich vermutlich schon selbst die folgenden Fragen gestellt:

- „Ist mir das Erreichen meiner Ziele oder meine Beziehung zum Verhandlungspartner wichtiger?"
- „Ist es mir egal die Beziehung zu belasten, im Extremfall sogar zu opfern, nur um meine Ziele zu erreichen? Vielleicht kennen Sie auch folgenden Gedankengang:
- „Ich gebe lieber nach, bevor ich die Beziehung unnötig belaste." (Anpassungsstrategie)
- „Ich verzichte lieber gleich auf die Verhandlung, wer weiß, wie sich meine Forderung auf die Beziehung auswirken würde."(Vermeidungsstrategie)
- „Treffen wir uns doch in der Mitte, geben wir doch beide nach." (Kompromiss)
- „Es geht ums Erreichen meines Ziels, auch wenn der andere dann auf mich „spinnt". Die Beziehung können wir ja nachher klären, Die Hauptsache ist mein Erfolg!" (Konkurrenzstrategie)
- Kennen Sie auch Verhandlungssituationen in denen Sie sich schon darauf freuen, mit dem Verhandlungspartner gemeinsam neue kreative Lösungen zu entwickeln? (Mehr-Wert-Strategie)

Bei all diesen Fragen haben Sie sich mit dem Spannungsfeld Ergebnis vs. Beziehung auseinandergesetzt und dadurch bewusst oder unbewusst Ihre strategischen Entscheidungen getroffen. Diese Fragestellungen spiegeln alle **fünf Verhandlungsstrategien** wider, die sich im Spannungsfeld Ergebnis vs. Beziehung befinden: **Konkurrenz, Anpassung, Kompromiss, Vermeidung und Mehr-Wert-Strategie.** Diese geben jeweils dem quantitativen und beziehungsmäßigen Ergebnis unterschiedliche Bedeutung und ermöglichen Ihnen je nach

Die fünf Verhandlungsstrategien geben jeweils dem quantitativen und beziehungsmäßigen Ergebnis unterschiedliche Bedeutung.

Verhandlungssituation flexibel und gekonnt zu agieren und zu reagieren.

Bei welcher Fragestellung, bei welchem Gedankengang finden Sie sich wieder? Gibt es eine klare Präferenz oder entscheiden Sie situativ?

6.1 Strategien wozu?

Wieso ist es zielführend sich über Strategien Gedanken zu machen, wenn es doch scheinbar ohne Strategien auch ganz gut läuft? Die Antwort ist einfach: Bei einer bewussten Strategiewahl können Sie die Initiative ergreifen und die Verhandlungssituation aktiv gestalten. Es gibt unterschiedliche Möglichkeiten, Verhandlungen zu führen: sich anzupassen, zu kämpfen, zu vermeiden, etc. Alle haben unterschiedliche Auswirkungen.

Verhandlungssituation aktiv gestalten

Bei bewusster Strategiewahl behalten Sie die Fäden in der Hand und werden nicht zum Getriebenen. Sie kennen die Auswirkungen der jeweiligen Strategie auf Ergebnis und Beziehung und können diese im Vorfeld berücksichtigen.

Ihre Klarheit über die Wahl der jeweils optimalen Strategie ermöglicht Ihnen, noch **zielsicherer und vor allem bewusster verhandeln** zu können. Sich anpassen, nachgeben beispielsweise, das hat vermutlich jeder schon einmal getan. Es macht emotional und imagemäßig einen großen Unterschied, ob Sie sich anpassen, also nachgeben, weil Sie keinen Ausweg mehr wissen oder weil Sie als Gönner wirken möchten und daher nachgeben, etwas verschenken. Dieses bewusste Agieren schafft Freiheitsgrade und Klarheit in der Vorgehensweise. Auch Sie werden Ihre bevorzugte Strategie haben. Durch das souveräne Spielen am Strategieklavier können Sie noch vielfältiger und zielgerichteter verhandeln.

6.2 Wahl der optimalen Strategie

Die Wahl der Strategie wird durch die Fragestellung bestimmt, ob das Beziehungsergebnis oder das quantitative Ergebnis für Sie von größerer Bedeutung ist. Dabei spielen **strategische, persönliche und situative Faktoren** eine große Rolle und daher kann jeweils nur individuell beurteilt werden. In diesem Kapitel wird der Fokus auf die strategischen Faktoren gelegt. Die persönlichen und situativen Faktoren werden im *Kapitel 8. „Der Verhandlungsprozess"* diskutiert.

➡ Kapitel 8.
„Der Verhandlungsprozess"

Die **Fragen für die Strategiewahl:**

Fragen für die Strategiewahl

- Wie wichtig ist mir das **quantitative Ergebnis** in Form von Zahlen, Daten und Fakten? (Result R_ϵ)
- Wie wichtig ist mir das **Beziehungsergebnis** (Relationship $R_\heartsuit$),
  ❏ die Beziehung zu meinem Verhandlungspartner und
  ❏ die Beziehung zu mir selbst?

Es scheint, als müsse man sich zwischen Beziehung und Ergebnis entscheiden und man erreicht nur das eine auf Kosten des anderen. Dies trifft bei vier von fünf Strategien zu: Konkurrenzstrategie, Anpassungsstrategie, Vermeidungsstrategie und Kompromiss. Es gibt jedoch eine Ausnahme – die Mehr-Wert-Strategie.

Gibt es eine beste Strategie? Es gibt für jeden Verhandlungsfall, jeden Verhandlungspartner, jede Situation, jeden Teil des Verhandlungsgegenstands die jeweils passendste Strategie. Jede der fünf Strategien bietet Vor- und Nachteile und hat markant unterschiedliche Auswirkungen auf das quantitative Verhandlungsergebnis, die Beziehung und Ihr Image als Verhandlungspartner. IRRE®-Verhandeln strebt aktiv die Mehr-Wert-Strategie an, denn diese stellt die Idealsituation dar. Ziel der Mehr-Wert-Strategie ist, dass jeder bekommt, was ihm wirklich wichtig ist. Es werden gemeinsam neue Lösungen entwickelt, die meist von den individuell gesetzten Zielen abweichen, noch besser und kreativer sind. Sie ermöglicht die optimalen, nachhaltigen, quantitativen und beziehungsmäßigen Ergebnisse für alle Parteien.

Die Wahl der Strategie im Spannungsfeld Beziehung vs. Ergebnis lässt sich gut anhand des folgenden praktischen Beispiels spürbar machen.

BEISPIEL:

Sie leben z.B. in einer liebevollen Beziehung und wollen gemeinsam ein Haus kaufen. Die familieninternen Verhandlungen, wer, wann, wie viel bezahlt, werden vermutlich anders verlaufen, als die Auseinandersetzung während einer Scheidungsverhandlung, wer was bekommen soll. Die Wahl der Strategie ist eben stark von der Bedeutung der Beziehung bestimmt. Gehen Sie während einer guten Beziehung auf Konfrontation und wählen die Konkurrenzstrategie, wird dies die Beziehung enorm belasten. Passen Sie sich während einer Scheidungsverhandlung zu sehr an, werden Sie möglicherweise „über den Tisch gezogen" und sich im Nachhinein mächtig ärgern.

TIPP:

Behalten Sie Ihre gewählte Strategie klar im Auge und beobachten Sie genau die Vorgehensweise Ihres Verhandlungspartners. So können Sie jederzeit steuernd eingreifen, das Ruder weiterhin in der Hand behalten und flexibel während der Verhandlung die gewählte Strategie an die geänderte Situation anpassen. Bewahren Sie bei der Umsetzung jeder Strategien unbedingt die innere Haltung der Ebenbürtigkeit, so vermeiden Sie Grabenkämpfe und Gesichtsverlust für alle Verhandlungspartner.

Innerhalb einer Verhandlung ist das Kombinieren von unterschiedlichen Strategien möglich und auch sehr wahrscheinlich. Dieser bewusste **Strategiemix** macht das Verhandlungsgespräch facettenreicher.

6.3 Die fünf Strategien in der Verhandlung

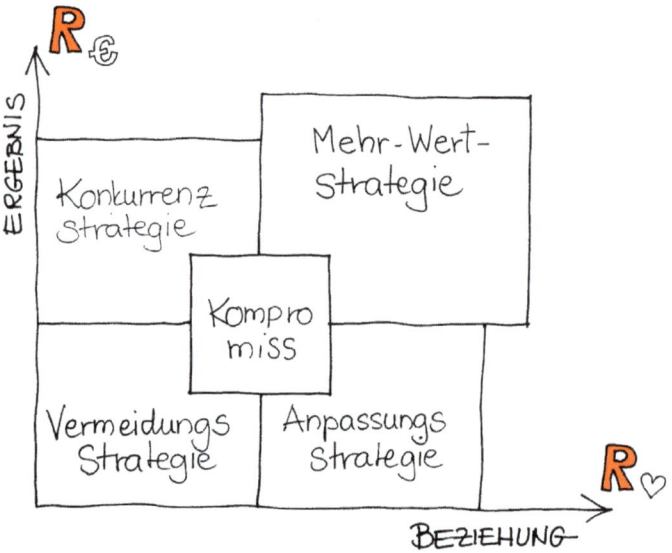

In diesem Kapitel behandle ich die Besonderheiten, Taktiken und Auswirkungen der einzelnen Strategien. Dies ermöglicht, alle fünf Verhandlungsstrategien souverän anwenden zu können.

6.3.1 Konkurrenzstrategie

Für viele Menschen ist Konkurrenzdenken, in dem der Stärkere, der Schnellere, der Klügere gewinnt, die prägende Lebenseinstellung. Sie glauben, zu diesen Stärkeren, Schnelleren, Klügeren zu gehören und dadurch zu siegen. Bei dieser Einstellung geht es um Gewinnen, im Extremfall sogar darum, dass der andere verliert, egal, ob man dabei selbst gewinnt. Es geht um das Erreichen der eigenen quantitativen Ziele, die Ziele des Gegners sind irrelevant.

Erreichen der eigenen quantitativen Ziele

Dieser Konkurrenzgedanke ist eine gesellschaftliche Prägung. Daher wird die Konkurrenzstrategie auch sehr häufig angewandt.

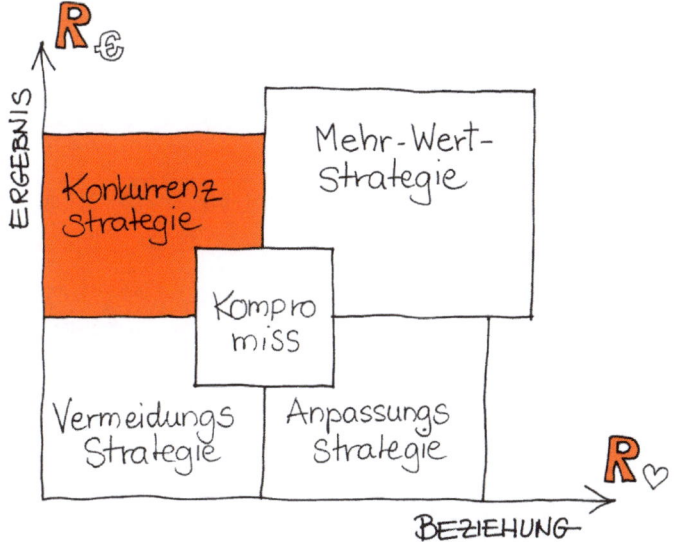

Wer die Konkurrenzstrategie wählt, ist nicht an den Zielen und den zugrundeliegenden Bedürfnissen seines Gegners interessiert. Was haben Sie denn davon, sich für den anderen zu interessieren? Reicht es nicht, wenn Sie Ihre Ziele erreichen, um erfolgreich zu sein? Scheinbar schon. Jedoch werden Sie auf diese Art nie erfahren, was sonst noch möglich gewesen wäre. Vielleicht hätte durch die Unterschiedlichkeit der Bedürfnisse eine auch für Sie geniale Lösung entwickelt werden können. Jeder, der die Konkurrenzstrategie wählt, geht davon aus, alles zu wissen und auch bedacht zu haben. Dadurch beschränkt sich der Konkurrent selbst. Maximal kann hier das selbst gesteckte Ziel erreicht werden.

Maximal kann das selbst gesteckte Ziel erreicht werden.

Wann wird diese Strategie angewandt?

■ Das quantitative Ergebnis ist von so großer Bedeutung, dass dafür die Beziehung zum Verhandlungspartner geopfert oder diese ohnehin als unbedeutend erachtet wird.

■ Der Verhandlungsgegenstand (Ressourcen, Gewinn, Nutzen etc.) wird als begrenzt gesehen, und der Konkurrierende will davon so viel wie möglich (wenn nötig auch auf Kosten des anderen) erhalten.

■ Bei einer einmaligen Verhandlung und/oder bei großem Zeitdruck ohne Interesse an einer zukünftigen Beziehung.

■ Bei großem Preisdruck und der Denkhaltung, dass Zusatznutzen unmöglich und die Beziehung unwichtig ist.

■ Bei mangelnder Vorbereitung unter der Annahme: Angriff ist die beste Verteidigung.

Grundannahmen und Denkhaltungen

■ „Entweder-oder"-Denkhaltung

■ Der Stärkere, Schnellere, Klügere etc. gewinnt und zu denen zählt sich der Konkurrent.

■ Der Verhandlungs-„Partner" ist Gegner oder sogar Feind und Sie befinden sich in einem Verteilungskampf.

■ Der Konkurrierende fühlt sich stark und mächtig und ist vom Sieg völlig überzeugt. (Achtung: Dies kann auch ein Irrtum oder Selbstüberschätzung sein.)

■ Der Konkurrierende fühlt sich schwach und greift daher als Schutzhaltung sofort an, um Grenzen abzustecken (Angriff als Taktik).

TAKTIKEN IN DER KONKURRENZSTRATEGIE

Der Konkurrent

❏ demonstriert Macht, erhöht sich über den Gegner oder „plustert" sich auf.

❏ hebt Differenzen hervor (Polarisierung!).

❏ „überfährt" den Gegner mit einem „Argumentations-Bombardement".

❏ fragt seinen Verhandlungspartner aus, um dessen Schwachpunkte und Knackpunkte zu erfahren ohne selbst ehrliche Information preiszugeben.

❏ setzt sein Angebot übertrieben hoch oder lächerlich niedrig an, um den eigenen Verhandlungsspielraum zu maximieren und die andere Partei zu verunsichern (Achtung: Wenn Sie den Bogen überspannen, kann dies zum Abbruch durch den Verhandlungspartner führen und Sie riskieren Ihre Glaubwürdigkeit!).

❏ ringt der anderen Partei große Zugeständnisse ab und gibt dafür im Vergleich lächerlich wenig.

❏ zermürbt die andere Partei durch ein Spiel mit der Zeit, z.B. Zeit schinden oder Zeitdruck ausüben („Sie müssen sich sofort entscheiden, ich muss in zwei Minuten weg."), bestimmt Verhandlungszeitpunkte zum eigenen Vorteil, stellt ungünstige äußere Rahmenbedingungen her (Verhandlungstermine kurzfristig absagen, warten lassen, Verhandlungszeitpunkt diktieren etc.).

❏ spricht Drohungen („Wenn Sie nicht …, dann werde ich …") und Versprechungen („Wenn Sie …, dann werde ich …") aus.

❏ definiert sein „letztes Angebot": Die andere Partei muss die Lücke schließen, wenn es zum Abschluss kommen soll (dadurch riskieren Sie den Abbruch der Verhandlung, da Sie nur mit Gesichtsverlust das letzte Angebot abändern können).

❏ fordert knapp vor dem Abschluss völlig neue Dinge („Oh, ich habe ganz vergessen, Sie zu fragen, ob Sie …").

❏ setzt zum Einschüchtern aggressive Körpersprache ein.

❏ bedient sich bei Teamverhandlungen des „good cop/bad cop"-Spiels.

Nachteile dieser Strategie

■ Der Konkurrierende kann maximal sein eigenes Ziel erreichen und begrenzt sich daher selbst.

■ „Ressourcen" werden als fix angesehen und es gibt nur eine begrenzte Anzahl von Möglichkeiten, diese zu teilen. Zusatznutzen scheint unmöglich.

■ Wenig bis keine ehrliche Information, viele Bluffs, Verwirrspiel.

■ Kostspielig, zeitraubend mit hohen Reibungsverlusten (wie militärische Kriegsführung), spätere Entgegenkommen vom „besiegten" Verhandlungspartner sind nicht zu erwarten.

■ Emotionen können rasch eskalieren und zu Konflikten führen.

■ Vertrauen wird gebrochen oder kann erst gar nicht aufgebaut werden.

■ Beziehungsebene wird als unwichtig angesehen.

■ Hohes Risiko, da der „Feind" oft unterschätzt wird.

■ Machtsituationen sind nicht von Dauer und können sich umkehren (Achtung: Miese Taktiken sind oft ein Bumerang!).

■ Meist kein nachhaltiger Erfolg, da das Image des Kämpfers geprägt wird und dies auf die nächsten Verhandlungen Auswirkungen hat.

■ Emotional anstrengend, da jeder ständig mit „Recht haben", Argumentieren, Bluffen und Verteidigen beschäftigt ist.

■ Intellektuell anstrengend: Der Konkurrent muss sich alle geblufften Informationen merken, ansonsten droht Gesichtsverlust, wenn Falschinformation publik wird.

■ Konkurrenten sind in der Konkurrenzstrategie „gefangen". Es ist schwierig, ohne Gesichtsverlust in andere Strategien zu wechseln (außer in die Vermeidungsstrategie).

■ Gesichtsverlust, wenn man sich als „Angreifer" täuscht und doch „verliert".

Auswirkungen und Reaktionen

Die Gegner reagieren auf diese Kriegstaktiken mit Stammhirnreaktionen. Diese sind entweder **Gegenangriff**, **Flucht** oder **„emotional Totstellen/einfrieren"**, was bedeutet alles emotional abzublocken, auf nichts mehr zu reagieren, „abzuschalten" und „dicht zu machen". Geht der Verhandlungsgegner zum Gegenangriff über, gleicht die Verhandlungssituation eher einem Schaukampf als einer intellektuellen Gesprächsführung. Wie im *Kapitel 3. „Innere" Größenverhältnisse"* beschrieben, klinkt sich die Logik aus und die Emotion übernimmt das Ruder. Wenn Flucht unmöglich ist, fliehen Verhandler oft „indirekt", indem sie Zugeständnisse oder Versprechungen machen, die sie später nicht einhalten können oder wollen. Häufig weiß der Verhandlungspartner auch im Augenblick der Zusage, dass er „lügt", nur um aus dieser unangenehmen Situation herauszukommen. Viele Stornierungen von Aufträgen beruhen auf solchen indirekten Fluchtmanövern.

TIPP:

Gehen Sie nur auf Konkurrenzkurs, wenn Sie auch bereit sind zu verlieren!

➡ Kapitel 3.
„Innere" Größenverhältnisse"

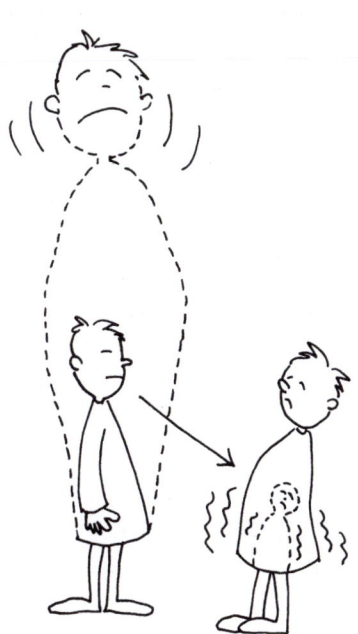

Die Taktiken der Konkurrenzstrategie wie „Aufplustern" und den Gegner „schrumpfen" bewirken oft den Bau von **Mauern** und Schutzwällen, was dazu führen kann, dass jeder „argumentative" Selbstgespräche führt und dem anderen nicht mehr zuhört. Ab dann ist das Verhandeln reine Zeitverschwendung! Mehr dazu im *Kapitel 10. „Kommunikation"*.

➡ Kapitel 10.
„Kommunikation"

Die Konkurrenzstrategie birgt ein **hohes Risiko** für beide Verhandler. Wegen des drohenden Gesichtsverlusts verhärten sich die Fronten rasch und erschweren die Verhandlung und die Lösungsfindung. Meiden Sie daher die Konkurrenzstrategie, wenn der Verhandlungsgegenstand für Sie von Bedeutung ist. Sollten Sie diesen Kurs wählen, behalten Sie den Abbruchpunkt stets im Auge und wählen Sie die Konkurrenzstrategie nur, wenn Sie eine gute Alternative haben, falls die Verhandlung scheitert.

Wie können Sie einem konkurrierenden Verhandlungspartner entgegentreten und erfolgreich verhandeln?

Wollen Sie kämpfen – dann kämpfen Sie. Zwei aufgeplusterte Verhandlungspartner haben zumindest Unterhaltungswert für Zuschauer. Produktiv sind sie nicht, da das Sachthema völlig in den Hintergrund gerät und es nur ums Ego, ums Rechthaben, ums Bessersein geht.

Falls Sie effizient zum Verhandlungserfolg kommen wollen, helfen die nächsten Punkte:

■ Sie **ignorieren die Schrumpfungstaktiken** und das Gehabe des „Größeren, Mächtigeren", bewahren die innere Haltung der **emotionalen Ebenbürtigkeit,** respektieren Ihren Verhandlungspartner und lassen sich nicht „schrumpfen". Ihr Verhandlungspartner wird durch diese entgegengebrachte Ebenbürtigkeit auf so manche miese Taktik verzichten, da er sich geachtet fühlt und nicht mehr glaubt, kämpfen zu müssen.

■ **META-Verhandlung:** Sie steigen aus der aktiven Verhandlungssituation aus und diskutieren darüber, wie Sie weiterverhandeln sollen. Sprechen Sie offen Ihre Befindlichkeit an wie z.B. *„Ich habe den Eindruck, so kommen wir beide nicht zum Ziel."* Oder *„Ich finde diese Vorgehensweise bzw. Verhaltensweise zeitaufwändig. Was halten Sie davon, wenn wir diese Spiele beiseitelassen und gleich zum Thema kommen?"* Definieren Sie Spielregeln für die weitere Vorgehensweise.

6.3.2 Anpassungsstrategie

Konkurrenten wünschen sich nichts sehnlicher als Verhandlungspartner, die die Anpassungsstrategie wählen. Ein Traum wird wahr, der Sieg ist leicht, blutlos, wehrlos, einfach! Bei der Anpassungsstrategie passt sich einer der Verhandlungspartner an das Ziel des anderen an und

gibt dadurch **das eigene Ziel auf**. Wer diese Strategie anwendet, stellt die Bedeutung der Beziehung zum Verhandlungspartner über die Bedeutung des eigenen quantitativen Ergebnisses.

Die Beziehung wird wichtiger als das quantitative Ergebnis gesehen.

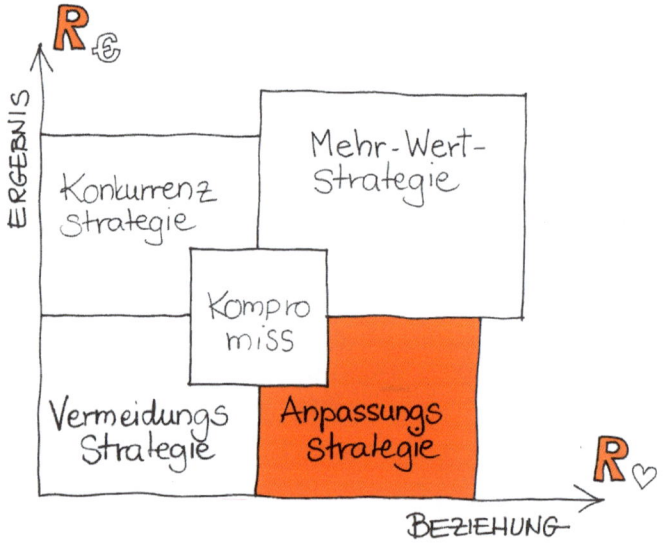

Es gibt **zwei Ausprägungsformen:**
- bewusste gönnerhafte Anpassung und
- wehrlose Anpassung

Bewusste gönnerhafte Anpassung

Dabei passt sich einer der Verhandlungspartner bewusst an die Ziele des anderen an und verzichtet daher auf die eigenen Ziele. Entscheidend dabei ist, dem Verhandlungspartner mitzuteilen, dass Sie zu seinen Gunsten verzichten und aus Ihrer Sicht dadurch noch eine **Rechnung offen** ist. Ziel dieser Anwendung ist, Bonuspunkte zu sammeln, ein Guthaben zu verbuchen. Das bewusste gönnerhafte Anpassen ist eine Investition in die Zukunft, ein Geben, um später das zu bekommen, was Ihnen wirklich wichtig ist.

Investition in die Zukunft, ein Geben, um später das zu bekommen, was Ihnen wirklich wichtig ist

Anwendung

- wenn Sie merken, dass Teile des Verhandlungsgegenstands für Ihren Verhandlungspartner mehr Nutzen stiften als für Sie und Sie bereit sind, den Gesamtnutzen zu maximieren
- zur Imagekorrektur
- wenn Sie sich in für Sie aussichtslosen Situationen gönnerhaft zeigen wollen, bevor Sie als Verlierer dastehen
- zum Vertrauensaufbau und zur Beziehungspflege
- um einen Bonus für die zukünftigen Verhandlungen zu erreichen (kurzfristiger Verlust für langfristigen Gewinn)
- um Spannungen in der Beziehung zu lösen oder Frieden zu bewahren (das Verfolgen des Ergebnisses würde die Beziehung übermäßig belasten)

Auswirkungen und Reaktionen

- Augenhöhe: Beide sehen einander auf gleicher Augenhöhe, manche „Gönner" fühlen sich etwas größer.
- Reaktionen beim „Gönner": Zufriedenheit, eventuell Unsicherheit, ob diese offene Rechnung auch später beglichen wird.
- Reaktionen beim Verhandlungspartner: hoffentlich das Empfinden von schlechtem Gewissen, etwas schuldig zu sein (ist beim bewussten gönnerhaften Anwenden das Ziel!)

Wehrlose Anpassung

Aus Angst, Hoffnungslosigkeit, Unterlegenheit, Abhängigkeit oder Resignation begibt sich der Anpassende in die Opferrolle, um den anderen nicht zu verstimmen.

Dies hat fatale Auswirkungen auf den eigenen Selbstwert und auf das Image als Verhandlungspartner. Beim wehrlosen Anpassen weiß der Verhandlungspartner meist gar nicht, dass der Anpassende seine Ziele aufgibt, weil diese nicht kommuniziert werden. Daher bleibt auch **keine Rechnung offen**, die später zu begleichen ist.

Eigene Ziele werden meist nicht kommuniziert.

Anwendung

- oft im Privatbereich, um den jeweils anderen nicht zu verstimmen (Achtung: langfristig gesehen leidet die Beziehung zu sich selbst)
- Suche nach friedlicher Lösung (oft mit dem Gefühl verbunden, dass man ausgenutzt wird)
- Das Ziel, die andere Seite zufrieden zu stimmen, ist wichtiger als das ursprüngliche Ziel.

Nachteile der passiven Anpassungsstrategie

- Eigene Interessen werden vernachlässigt.
- Das Gefühl, ausgenutzt zu werden, entsteht, eventuell auch Hilflosigkeit oder Abhängigkeit.

Auswirkungen

- auf das Image des Nachgebenden: „dem kann man alles zumuten", „von dem kann man alles haben"
- Der wehrlose Nachgebende fühlt sich kleiner und gibt so dem Verhandlungspartner das Gefühl von Größe und Macht.
- Beim Nachgebenden: Resignation, Frustration, innere Kündigung, das Gefühl ausgenutzt zu werden, der Selbstwert leidet, er „schrumpft" sich selbst.
- Beim Konkurrenten: Gefühl von Größe, Macht und Sieger-Dasein, es kann aber auch Irritation auslösen, wenn erwartete Gegenwehr ausbleibt.

inneres
Schrumpfen

6.3.3 Vermeidungsstrategie

Bei der Vermeidungsstrategie werden einzelne Themenbereiche oder die gesamte Verhandlung vermieden. Bei dieser Strategie sind weder das quantitative Ergebnis noch die Beziehung zum Verhandlungspartner von großer Bedeutung.

Weder das quantitative Ergebnis noch die Beziehung zum Verhandlungspartner sind von großer Bedeutung.

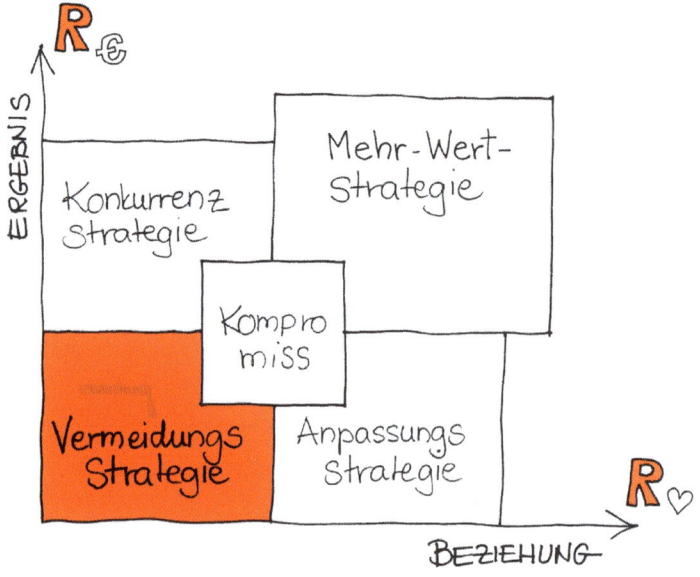

Ausprägungsformen und deren Anwendungsbereiche

■ **Zurückweisung, aggressive Vermeidung** (eine Partei lehnt ab zu verhandeln):

❏ wenn die Verhandlung als reine Zeitverschwendung empfunden wird und weder Interesse am quantitativen Ergebnis noch an der Beziehung besteht

❏ wenn gute Alternativen zur Verhandlung bestehen und daher die Verhandlung nicht notwendig ist und die Beziehungsebene als unwichtig empfunden wird

❏ wenn eine Partei den anderen Verhandlungspartner bewusst demütigen will und daher das Verhandeln ablehnt, um Macht zu demonstrieren

❏ wenn der Zeitpunkt ungünstig ist (z.B. keine ausreichende Vorbereitung)

❏ Zermürbungstaktik

■ **Ausweichen, Delegieren:**

❑ Nichterscheinen bei Verhandlungen oder oftmaliges Verschieben von Verhandlungsterminen

❑ Ausweichen bei sensiblen Themen und Fragen

❑ an andere delegieren oder sich nicht zuständig fühlen

■ **bewusstes Ausklammern, nicht Ansprechen von Themen:**

❑ Tretminen-Themen (siehe unter *Kapitel 8.2.2*) bewusst meiden, um den Gesamterfolg nicht zu gefährden

➡ Kapitel 8.2.2
Tretminen-Themen

❑ Angst vor Verschlechterung der Ist-Situation (Überlebensstrategie)

❑ negative Glaubenssätze: „Ich schaffe es ohnedies nicht, ich lasse es lieber gleich bleiben, bevor ich mich blamiere etc."

❑ temporäre Vermeidung = Zeitgewinn: ungünstiger Zeitpunkt (z.B. schlechte Vorbereitung, schlechte Stimmung, warten darauf, dass der Verhandlungspartner auch einmal auf Sie angewiesen ist)

❑ Angst, die Beziehung zu gefährden, das Ergebnis wird nicht als wichtig empfunden

❑ Manche Probleme lösen sich von selbst. Andere werden jedoch zur Lawine – schätzt man das Problem richtig ein?

Beim bewussten Ausklammern von Themenbereichen merkt der Verhandlungspartner meist nicht, dass etwas vermieden wird. Bei den beiden anderen Ausprägungsformen ist das Vermeiden offensichtlich.

Nachteile der Vermeidungsstrategie

■ Keine Lösung und Bereinigung offener Punkte – das Thema bleibt auf dem Tisch und kommt meist heftig(er) zurück und belastet zukünftige Verhandlungen.

■ Ungelöste Themen belasten (= Scheinharmonie, kann zum explosiven Konflikt führen).

- Es gibt nur Verlierer, in meist unterschiedlichem Ausmaß.
- Keine Chance auf Mehr-Wert bzw. Bedürfnisbefriedigung.

Auswirkungen auf den Verhandlungspartner, demgegenüber die Vermeidungsstrategie angewandt wird

- Demütigung, Resignation, Ignoranz, Aussichtslosigkeit bis Kampf und Rache
- Augenhöhe: „schrumpft" oder plustert sich als Gegenreaktion auf
- Selbstwertgefühl wird beim aggressiv Vermiedenen meist angekratzt – Gefühl der Hilflosigkeit, wenn Vermiedener auf den Vermeider angewiesen ist

Auswirkungen auf den Vermeider

- Image eines Herrschers, der auf die andere Partei nicht angewiesen ist oder auch zeiteffizienter Rationalisierer
- Augenhöhe: Je nach Anwendung der Vermeidungsstrategie ist jede Form von innerem Größenverhältnis möglich
- Selbstwertgefühl wird beim taktischen Anwenden nicht angekratzt, falls aus Angst vor Konsequenzen vermieden wird leidet das Selbstwertgefühl und es gibt oft das Empfinden von Hilflosigkeit und Ausweglosigkeit.

6.3.4 Kompromissstrategie

Beim Kompromiss **treffen** die Verhandlungspartner einander **in der Mitte**, jeder gibt und nimmt ein wenig. Das Ergebnis stellt nur vermeintlich eine „Win-Win"-Situation dar. In Wirklichkeit befinden sich alle in einer „Lose-Lose"-Situation. Keiner bekommt, was er wirklich will. In der Grafik wird daher das Feld des Kompromisses be-

Keiner bekommt, was er wirklich will.

wusst kleiner dargestellt, da keiner sein ursprüngliches
quantitatives Ziel erreicht.

Wann wird die Kompromissstrategie angewandt?

■ Wenn ein akzeptables mittelmäßiges Ergebnis besser
ist als gar keine Lösung (Gesichtswahrung für beide
Verhandlungspartner);

■ bei Zeit- bzw. Ergebnisdruck oder Druck von außen:
„Ein" Ergebnis muss erzielt werden;

■ wenn der Kompromiss situationsbedingt das Bestmögliche ist und der Verhandlungspartner ansonsten
auf Konkurrenzkurs gehen würde;

■ wenn die Verhandlung stockt und die Verhandlungspartner zumindest für einige Punkte den kleinsten gemeinsamen Nenner suchen, damit die Gesprächsba-
sis aufrecht bleibt;

■ bei bisherigem Konkurrenz-Image zum Aufbau von
Vertrauen und Beziehung;

- bei schlechter Vorbereitung, wenn dadurch die eigenen Ziele nicht ganz klar sind;
- zur Schaffung einer Basis für weitere, wichtigere Verhandlungen;
- wenn beide Verhandlungspartner als vernünftig und fair gelten wollen, aber nur oberflächliches Interesse am Verhandlungspartner besteht.

Grundannahmen und Denkhaltung

- Ressourcen werden als begrenzt gesehen, sollen aber fair verteilt werden.
- Verhandlungspartner treffen einander in der Mitte, jeder soll profitieren – Möglichkeit von Mehr-Wert wird nicht erkannt.
- Ergebnis und Beziehung sind etwa gleich (un-)wichtig.

Wie wird die Kompromissstrategie angewandt?

- Definieren Sie Ihren Verhandlungsspielraum.
- Beachten Sie Ihren jeweiligen Ziel- und Abbruchpunkt.
- Geben Sie kleine Zugeständnisse, um zu zeigen, dass Sie verhandlungsbereit sind und fordern Sie dafür Gegenleistungen.
- „Erwartete Teilung der Differenz" kann schon beim Ausgangspunkt „einkalkuliert" sein. Das führt aber in der Folge zu überzogenen Erstforderungen.
- Definieren Sie, wo für Sie die „Mitte" ist (nominell, prozentuell oder frei definiert – nähere Informationen dazu im *Kapitel 9.1.4 „Das Treffen in der „Mitte"").

➡ Kapitel 9.1.4
„Das Treffen in der „Mitte""

Nachteile der Kompromiss-Strategie

- Der Kompromiss hinterlässt oft das Gefühl, dass beide zwar ausgeglichen aber gleich schlecht wegkommen.
- Bei einem „faulen" Kompromiss gibt es einen schalen Nachgeschmack, dies belastet die Beziehungsebene für zukünftige Verhandlungen.

- Nur scheinbar gelöste Themen poppen später meist verstärkt wieder auf.
- Die Möglichkeiten der Mehr-Wert-Schaffung werden nicht genützt.
- Jeder bleibt bei der eigenen Argumentation und zeigt kein Interesse am Verhandlungspartner.

Auswirkungen und Reaktionen bei der Kompromiss-Strategie

- vernünftig, mit einem „ja aber"
- latent vorhandene Unzufriedenheit
- Verhandlungspartner begegnen einander meist auf gleicher Augenhöhe.
- Menschen, denen das Image des Kompromissverhandlers vorauseilt, bleiben oft als Verlierer auf der Strecke. Ihnen werden überzogene Forderungen gestellt, da voraussichtliche Abschläge einkalkuliert werden. So kann der Verhandlungspartner erhalten, was er wirklich will und der Kompromissverhandler ist der Verlierer.

TIPP:

Vermeiden Sie Kompromiss-Strategien. Denn das bedeutet grundsätzlich, Sie erklären sich mit etwas einverstanden, das nicht Ihr Ziel ist! Zeigen Sie Interesse am Verhandlungspartner und seinen Bedürfnissen und hinterfragen Sie diese. Lernen Sie auch, nein zu sagen!

6.3.5 Mehr-Wert-Strategie

Wenn es ein Geheimnis für den Erfolg gibt, so ist es dies: Den Standpunkt des anderen zu verstehen und die Dinge mit seinen Augen zu sehen.

Henry Ford

Die Mehr-Wert-Strategie ist die einzige Strategie, die davon ausgeht, dass der **Gesamtnutzen** des Verhandlungsgegenstands vergrößert, **„ver-mehrt"** werden kann. Die vier anderen Strategien sehen den Nutzen des Verhandlungsgegenstands als fix gegeben und um die Verteilung des offensichtlich Vorhandenen wird verhandelt oder gekämpft. Die Annahme aller anderen Strategien ist auch, dass das eigene Wissen reicht, um Ziele zu definieren, um deren Erreichung verhandelt wird.

stabile Lösungen, die jeder für sich alleine gar nicht hätte finden können

Mehr-Wert-Verhandlungen sind ein kreativer, schöpferischer Lernprozess. Mit dem Ziel, gemeinsam neue, für alle bestmöglich passende, stabile Lösungen zu erarbeiten, die jeder für sich alleine gar nicht hätte finden können. Stabile Lösungen sind solche, bei denen keiner der Verhandlungspartner Interesse an der Umgehung der Vereinbarung hat, da diese für jeden den bestmöglichen Zustand darstellt. Stabile Lösungen ersparen die zeit- und kostenintensive Kontrolle, die bei instabilen Lösungen notwendig ist. Um diese einzigartigen Ergebnisse zu erreichen, bedarf es eines ganz besonderen – nämlich eines **zweistufigen – Verhandlungsprozesses**.

Schlüssel zum Verhandlungserfolg: Unterschiedlichkeiten der Interessen, Bedürfnisse, Sichtweisen und Erfahrungen der Verhandlungspartner

Der Schlüssel zum gemeinsamen Verhandlungserfolg liegt dabei immer in den Unterschiedlichkeiten der Interessen, Bedürfnisse, Sichtweisen und Erfahrungen der Verhandlungspartner! Ziel ist, Teile des Verhandlungsgegenstands zu finden, die für die Verhandlungspartner unterschiedlich wertvoll sind. Begleitet wird die Verhandlung stets von der Frage: Was bedeutet für mich weniger Aufwand als es meinem Verhandlungspartner Nutzen bringt und umgekehrt? Nur dadurch, dass für alle Verhandlungspartner Unterschiedliches Nutzen stiftet, gelingt es, aus 1 + 1 tatsächlich den Nutzen von 3 machen zu können. Das ist das Prinzip von IRRE®.

➡ Kapitel 7. „Mehr-Wert schaffen durch Nutzen maximieren"

Der herausfordernde Vorgang vom „Mehr-Wert schaffen" wird detailliert im nachfolgenden *Kapitel 7. „Mehr-Wert schaffen durch Nutzen maximieren"* beschrieben.

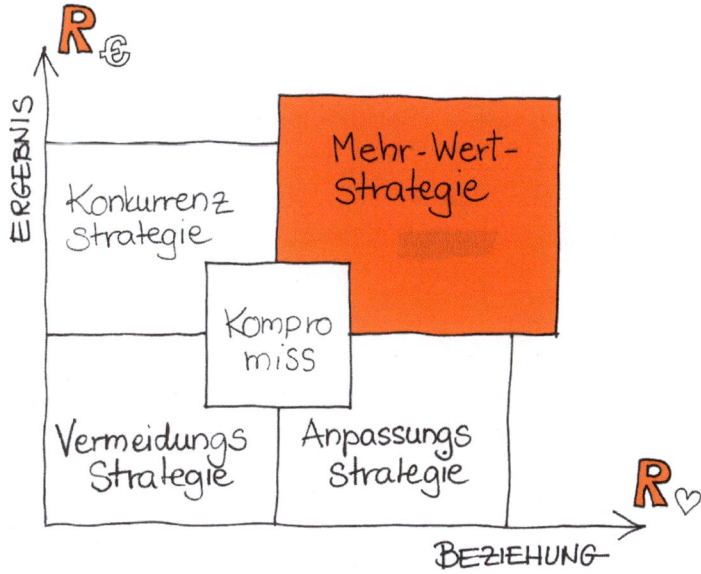

Da der Gesamtnutzen durch die Verhandlung erhöht wird, ist das Feld der Mehr-Wert-Strategie in der Grafik größer dargestellt als das der anderen vier Strategien.

Grundannahmen und Denkhaltung

- Verhandlungspartner sind überzeugt, dass sie gemeinsam bessere Lösungen entwickeln können als getrennt, da sie gemeinsam mehr Wissen haben als jeder alleine.

- Sie sind bereit, die Informationen der Verhandlungspartner in die gemeinsame Lösungsfindung zu integrieren und vom anderen zu lernen. Dieser Wissensgewinn kann auch zur Abänderung der ursprünglichen eigenen Ziele führen, weil andere, passendere Ziele entwickelt werden können.

- Es besteht die Möglichkeit, den Gesamtnutzen und dadurch auch den jeweiligen Eigennutzen zu erhöhen.

- Jeder Verhandlungspartner respektiert und berücksichtigt bestmöglich die Interessen und Bedürfnisse des anderen.

gemeinsam bessere Lösungen entwickeln können als getrennt

- Alle Parteien denken langfristig und sind nicht an schnellen Gewinnen auf Kosten des jeweils anderen interessiert.
- Sowohl-als-auch-Denkhaltung

Voraussetzungen zum Mehr-Wert schaffen

Mehr-Wert zu schaffen erfordert die intensivste intellektuelle und emotionale Vorbereitung von allen fünf Strategien. Sie benötigen Klarheit über die Einzelteile des Verhandlungsgegenstands und welcher Teil für Sie welchen Nutzen bringt. Was für Sie ein „Must" und was „Nice to have" ist.

ehrliches Interesse am Verhandlungspartner, seinen Interessen und Bedürfnissen

Erfolgskritisch ist Ihr ehrliches Interesse am Verhandlungspartner und an dessen Interessen und Bedürfnissen. Denn dadurch haben Sie den Willen, ihn zu verstehen und Sie werden ganz von selbst Fragen stellen und so lange hinterfragen, bis Sie die Sichtweisen des anderen verstanden haben. Es benötigt Zeit, den Dingen auf den Grund zu gehen. Daher braucht die Mehr-Wert-Strategie auch besondere organisatorische Rahmenbedingungen – einen klar definierten Zeitrahmen in einer ungestörten Umgebung. Oft höre ich das Argument, dass in der Praxis (scheinbar) für die Mehr-Wert-Strategie nicht ausreichend Zeit gegeben ist. Einerseits hetzen viele Verhandler von einer Verhandlung zur nächsten. Dass dabei sowohl Vorbereitung als auch Verhandlungsgespräch nur an der Oberfläche kratzen können und Tiefgang (scheinbar) nicht möglich ist, ist selbsterklärend. Andererseits klagen diese gehetzten Verhandler über den enormen Zeitaufwand von Ärger, Misstrauen, Kontrolle, Missstimmung, Streit und abgebrochenen Verhandlungen. Verhandeln Sie ebenbürtig mit wahrem Interesse an Ihrem Verhandlungspartner ist der Mehraufwand an Zeit fürs Hinterfragen, fürs Verstehen wollen bestens investiert!

Auswirkungen und Reaktionen

Die Mehr-Wert-Strategie bietet für alle Verhandlungsparteien kreative, nutzenoptimierte und vor allem stabile
Lösungen und führt zu ungeahnten Erfolgen. Sie prägt
ein hochprofessionelles Image, fördert eine vertrauensvolle achtungsvolle Beziehungsebene und ein starkes
Wir-Gefühl. Sie hinterlässt bei den Verhandlungspartnern
Stolz, Freude und tiefe Zufriedenheit darüber, gemeinsam durch einen gelungenen kreativen Verhandlungsprozess einzigartige Lösungen entwickelt zu
haben. Diese tragfähigen Lösungen gemeinsam bilden
eine gute Basis für weitere Zusammenarbeit. Kompromisse bzw. Machtentscheidungen in der Konkurrenzstrategie brauchen manchmal weniger Zeit, als wenn Sie
mit einem Ihnen noch unbekannten Verhandlungspartner Mehr-Wert-verhandeln. Langfristig gesehen ist
die Mehr-Wert-Strategie äußerst zeiteffizient, da sie für
weiterführende Verhandlungen eine fundierte Vertrau-
ens- und Informationsbasis legt. Vor allem aber sparen
Sie die Zeit der „Verstimmung", des „Wieder aufeinander
zugehen Müssens", des „Beziehungsaufbaus" – falls die
letzte Verhandlung beziehungsmäßig suboptimal verlaufen ist. Sie ersparen sich und Ihrem Verhandlungspartner Rachegelüste und informationsmäßige Versteck-
spiele.

Wechsel von der Konkurrenz- zur Mehr-Wert-Strategie

Gesichtswahrung und Gesichtsverlust sind bei Verhandlungen stets entscheidend! Wenn Ihr Verhandlungspartner auf Konkurrenz eingestellt ist, agiert er meist mit geblufften Angaben, da er auf Kampftaktik setzt. Dadurch
könnte er nur mit Gesichtsverlust zur Mehr-Wert-Strategie wechseln. Er müsste seine Aussagen korrigieren und
könnte als Lügner entlarvt werden. Wollen Sie trotzdem
versuchen mit Ihrem konkurrenzorientierten Gegenüber
Mehr-Wert zu schaffen, dann sollten Sie einen Weg fin-

den, wie dieser – mit Gesichtswahrung – von der Konkurrenz- in die Mehr-Wert-Strategie wechseln kann.

Es gibt **drei große Hindernisse:**

- das zerbrochene Vertrauen
- die verfälschten Informationen
- der Ruf Konkurrent zu sein (der Konkurrent möchte vielleicht bewusst den Ruf „hart" zu sein bewahren)

Sie können eine Brücke bauen: „Ihre Aussage irritiert mich, können wir das nochmals abgleichen. Ich glaube, es handelt sich um einen Irrtum/ein Missverständnis." Auf diese Art kann der Konkurrent charmant die Aussagen ändern.

Will ein Verhandler, der sich das Konkurrenz-Image „erarbeitet" hat, in Zukunft Mehr-Wert schaffen, muss er die Beziehungsebene in den Vordergrund rücken. Dies kann durch das zerstörte Vertrauen als weitere „miese" Taktik, also als „freundlich getarnte" Konkurrenzstrategie interpretiert werden. Es ist ein steiniger Weg vom Bluffen zum Vertrauensaufbau. Der Wandel vom konkurrenz- zum Mehr-Wert-orientierten Verhandler funktioniert langsam aber stetig. Der „ehemalige Konkurrenzverhandler" sollte bewusst auch Nachteile in Kauf nehmen und die Beziehungsebene merkbar in den Vordergrund rücken. Taten, nicht Worte, lassen Vertrauen aufkeimen. Der Weg geht somit über Anpassungsstrategie bzw. Kompromissstrategie, das hilft, die angespannte Beziehung zu verbessern, Vertrauen aufkeimen zu lassen und das Image des harten Konkurrenten abzubauen.

Am effizientesten gelingt der Umstieg durch veränderte Verhaltensweisen, insbesondere die innere Haltung von Ebenbürtigkeit. Der Verhandlungspartner merkt unmittelbar, dass die Stimmung offener ist, dass Interesse an ihm und seinen Bedürfnissen besteht und dass auch der ehemalige Konkurrent mehr und vor allem offenere Informationen gibt. Das interessierte Fragenstellen – nicht zu verwechseln mit Ausfragen – und Hinhören im Ver-

Taten, nicht Worte, lassen Vertrauen aufkeimen.

gleich zum konkurrierenden Argumentieren und Kämpfen macht einen merklichen Unterschied. Falls es sich um immer wiederkehrende Verhandlungen handelt und dabei die gewählte Strategie verändert werden soll (z.B. Chef zu Mitarbeiter oder umgekehrt), dann besteht der mutigste Weg darin, den Sinneswandel offen zu reflektieren.

Die Mehr-Wert-Strategie darf nicht verwechselt werden mit einer „freundlich verpackten" Konkurrenzstrategie, hier geht es tatsächlich um Mehr-Wert schaffen und nicht darum „lieb und nett" zu sein.

Können Sie immer Mehr-Wert schaffen?

Nein, Sie können dies nur, wenn auch alle Verhandlungspartner dazu bereit sind.

An folgenden Anzeichen können Sie erkennen, dass das Schaffen von Mehr-Wert vom Verhandlungspartner nicht gewünscht ist:

- Konkurrenz-Einstellung (Win-Lose)
- Der Verhandlungspartner weicht Ihren Fragen aus, gibt keine oder wertlose Antworten oder stellt aushorchende Gegenfragen.
- Der Verhandlungspartner hat ausschließlich Interesse, seine eigenen Ziele zu erreichen und Ihre Bedürfnisse bleiben unberücksichtigt.
- Vorurteile und Misstrauen bestimmen das Klima.

6.3.6 Exkurs: Konkurrenz oder doch Kooperation aus neurobiologischer und wirtschaftswissenschaftlicher Sicht

Prof. Dr. *Joachim Bauer* diskutiert in seinem Buch „Prinzip Menschlichkeit" die Fragestellung, ob Kampf oder Kooperation aus psychologischer und neurobiologischer Sicht unsere natürliche Verhaltensweise ist. Dabei stellt er das jahrhundertealte Sprichwort „If you can't beat them, join them", auf den Kopf. Denn gemäß neuesten Forschungsergebnissen sollte der Mensch nur, wenn

nur, wenn kooperative Strategien nicht zum Ziel führen, Aggression wählen

kooperative Strategien nicht zum Ziel führen, sozusagen als zweitbeste Wahl, Aggression wählen. Das zeitgemäße Sprichwort sollte daher „If you can't join them, beat them" lauten. Joachim Bauer schreibt: „Nicht der Kampf ums Dasein, sondern Kooperation, Zugewandtheit, Spiegelung und Resonanz sind das Gravitationsgesetz biologischer Systeme."

Nicht nur die Neurobiologie, sondern auch wirtschaftswissenschaftliche Studien beschäftigen sich mit dem spannenden Thema, ob Konkurrenz oder doch Kooperation zu den besseren Ergebnissen führt. Auch hier ist der entscheidende Punkt, wie viel und in welcher Qualität Informationen ausgetauscht werden (können). *Reinhard Selten, John Forbes Nash* und *John Harsanyi* haben 1994 für die von ihnen weiterentwickelte Spieltheorie den Wirtschaftsnobelpreis erhalten. Sie haben in experimentellen Situationen (u.a. „Gefangenendilemma") mit Versuchsteilnehmern gearbeitet, die zwischen Kooperation und Nichtkooperation wählen konnten.

Ihre daraus abgeleitete **Erfolgsstrategie** lautet:

- Sei freundlich! (Sei primär und als Erster bereit zu kooperieren.)
- Schlage bei Unfreundlichkeit zurück! (Reagiere auf den Versuch, dich zu übervorteilen.)
- Sei nicht nachtragend! (Versuche es, nachdem du zurückgeschlagen hast, erneut mit Kooperation.)

6.3.7 Auswirkungen der fünf Strategien anhand eines Beispiels

Angenommen, Sie lesen ein Inserat über den Verkauf einer Immobilie mit zwei getrennten Wohneinheiten á ca. 150m², voll unterkellert, zwei Garagen, ca. 1500m² Garten mit Pool, Verhandlungsbasis € 330.000,–

Konkurrenzstrategie:
Die Immobilie wird nach Vor- und Nachteilen analysiert. In der Verhandlung werden nur die Nachteile hervorgehoben und überzogen bewertet, aber grundsätzlich wird Interesse bekundet (z.B. Alter des Hauses, unmodern, Sanierungsbedarf, aber grundsätzlich gute

Basis für diese Umbauten und Sanierungen). Dafür fordern Sie einen Abzug von € 120.000,–. Der Verkäuferin wird keine Wertschätzung entgegengebracht, Käufermacht wird demonstriert.

Anpassungsstrategie:
Die Käufer oder auch die Verkäuferin passen sich in mehreren oder allen Punkten an die Forderungen der jeweils anderen Partei an, um diese nicht zu vergrämen und um dem Kauf bzw. Verkauf nicht zu gefährden.

Vermeidungsstrategie:
Es gibt entweder gar keine Verhandlung oder Teile des Verhandlungsgegenstands bleiben ungeklärt. Es wird vermieden darüber zu verhandeln.

Kompromissstrategie:
Durch das Inserat ist die Preisvorstellung der Verkäuferin bekannt. Die Käufer werden versuchen den Preis zu drücken, indem sie ein Gegenangebot stellen und hoffen, sich in der Mitte zu treffen. Dadurch werden überzogene Gegenforderungen gestellt, da der „Aufschlag" vorweg mitberücksichtigt wird, um sich beim eigentlichen Zielpreis der Käufer zu einigen.

Mehr-Wert-Strategie:
Aufgrund des ehrlichen Interesses an der jeweils anderen Partei erfragen Sie die Motive und Bedürfnisse, die zum Kauf/Verkauf führen.

Situation der Verkäuferin:
Verkäuferin ist eine 62-jährige rüstige Pensionistin. Vor drei Monaten ist ihr Gatte gestorben. Sie fühlt sich einsam und sucht soziale Kontakte. Das Haus ist zur arbeitsmäßigen und finanziellen Belastung geworden. Das einzige Kind der Pensionistin ist mit seiner Familie vor zwei Jahren in ein anderes Bundesland gezogen. Die Pensionistin ist finanziell gut gestellt, hat durch das Haus allerdings überproportionale Belastungen für das Wohnen. Die Pensionistin hat Angst, die gewohnte Umgebung zu verlassen.

Situation der Käufer:
Es handelt sich um ein Ehepaar mit drei Kindern (3, 6 und 8 Jahre). Die Frau will in den Beruf zurückkehren. Für den beruflichen Wiedereinstieg wird eine zweite Wohneinheit gesucht. Als Lösung für die Kinderbetreuung ist ein Au-pair-Mädchen angedacht. Nachteil dieser Lösung ist, dass sich die Kinder jedes Jahr an eine neue Kinderbetreuung gewöhnen müssen. Die Familie würde eine Leihoma, zu der die Kinder eine Beziehung aufbauen könnten, bevorzugen, da die eigenen Großeltern zu weit weg wohnen. Die Käufer haben ca. € 100.000,– zur Verfügung, den Rest müssten sie fremdfinanzieren. In ca. zwei Jahren läuft eine Lebensversicherung über ca. € 70.000,– aus.

Nach längerem Verhandeln könnte z.B. folgende Lösung entstehen (es gibt unbegrenzte Lösungsmöglichkeiten, je nach Nutzen der Verhandlungspartner).
Die Familie ist glücklich, sowohl ein Haus in optimaler Lage mit großem Garten als auch eine Leihoma gefunden zu haben. Sie einigen sich darauf, dass die Käufer das Haus im Ausmaß von ca. € 100.000,– sanieren (dabei eine separate Wohneinheit für die Verkäuferin im Ausmaß von ca. 50 m² errichten), € 100.000,– als Teilkaufpreis bezahlen und den restlichen Kaufpreis als Leibrente vereinbaren. Da sich Verkäuferin und Käuferfamilie auf Anhieb sympathisch sind, vereinbaren sie, dass die Verkäuferin in dieser neugeschaffenen Wohneinheit im Erdgeschoß des Hauses wohnen kann. Dies reduziert den Kaufpreis. Für die Verkäuferin stellt dieses Verhandlungsergebnis ebenso ein Optimum dar, da die für sie wichtigen sozialen Komponenten (Einsamkeit und gewohnte Umgebung zu verlassen) ideal und die finanzielle Komponente auch ihrer Lebenssituation angepasst gelöst wurden.

7. MEHR-WERT SCHAFFEN DURCH NUTZEN MAXIMIEREN

Die Grenzen unseres Denkens
sind die Grenzen unseres Erfolges.
Wer erfolgreich sein will,
denke an den Nutzen des anderen

(Henry Ford)

Umgangssprachlich verwenden wir das Wort „Wert" häufig zum Beschreiben von Verhandlungsergebnissen. Dieses „Wert sein" oder eben „nicht Wert sein" ist unser Maßstab für Zufriedenheit.

BEISPIELE:

„Das Konzert war den Eintritt von € xy,– wert."
„Das 7-Gang-Menü im Restaurant war den Preis nicht wert."
„Der Aufstieg zum Abteilungsleiter hat sich wirklich ausgezahlt und ist mir den zeitlichen Mehraufwand wert."

Die dahinterliegenden Gedankengänge lassen sich folgendermaßen darstellen:

Wert = Nutzen – Kosten

Nutzenfragen: **Was bringt es mir?** Was hab ich davon?
Kostenfragen: **Was kostet es mich**? Was muss ich dafür tun?
Mit der Frage **„Ist es mir das Wert?"** wägen Sie Nutzen und Kosten ab.

Der **Wert** ergibt sich daher aus meinem subjektiv empfundenen Nutzen abzüglich dessen, was ich dafür einsetzen muss.

Nutzen wird in der Literatur als „die subjektive Empfindung des Individuums als Maß des Zuwachses an Wohlbefinden" beschrieben. Oder anders ausgedrückt: Nutzen ist die Fähigkeit, die jeweils vorliegenden Wünsche und Bedürfnisse zu befriedigen.

In dieser Definition stecken für erfolgreiche Verhandlungen zwei enorm wichtige Punkte:

1. Nutzen ist eine subjektive Empfindung! Jeder Mensch hat andere Wünsche und Bedürfnisse. Dementsprechend kann nur jeder selbst beurteilen, was für ihn Nutzen stiftet und was nicht.

2. Der einzige Weg herauszufinden, was bei meinem Verhandlungspartner Nutzen stiftet, ist Fragen zu stellen! Viele Verhandler „denken für ihre Verhandlungspartner" und sind überzeugt zu wissen, was bei ihrem Gegenüber Nutzen stiftet. Diesen vermeintlichen Nutzen untermauern sie gekonnt mit Argumenten. Dieser Weg führt nicht zum Ziel!

Kosten stellen den Einsatz dar, den wir bringen müssen. Dies kann u.a. Zeit, Arbeitsleistung, Geld sein. Dieser Begriff hat keinen Zusammenhang mit dem Begriff „Kosten" aus der Kostenrechnung!

7.1 Zusammenhang Nutzen und Kosten

Beim Verhandeln geht es um das Ausloten von erwartetem Nutzen und den dafür aufzuwendenden Kosten bzw. Einsatz.

> **Nutzen ist die Fähigkeit, die jeweils vorliegenden Wünsche und Bedürfnisse zu befriedigen.**
>
> **Nutzen ist eine subjektive Empfindung!**
>
> **Fragen stellen!**
>
> **Ausloten von erwartetem Nutzen und den dafür aufzuwendenden Kosten bzw. Einsatz**

BEISPIELE:

Die Beförderung zum Abteilungsleiter ist mit einem 50 km weiter entfernten Dienstort verbunden. Nur der Bewerber selbst kann wissen, ob es ihm das wert ist.
Um eine Gehaltserhöhung in Höhe von € xy,– zu bekommen, wird der Dienstvertrag auf „all-inclusive" umgestellt. Ist es das wert?

Attraktiv

Attraktiv: Nur wenn der **Nutzen höher als** die **Kosten** ist, erscheint das Ergebnis attraktiv. Dies bedeutet, es ist es **wert**! Nur unter dieser Voraussetzung wird die Verhandlung zu einem positiven Abschluss führen. Stehen mehrere Alternativen zur Auswahl, so wird diejenige ausgewählt, die den höheren Wert bietet.

Unattraktiv

Unattraktiv: Empfinden wir keinen ausreichenden Nutzen, ist das Ergebnis unattraktiv, es ist es **nicht wert**! Unter der Annahme einer freien Entscheidungsmöglichkeit wird die Verhandlung zu keinem Abschluss führen. Es gibt jedoch Notsituationen, in denen man gar keine andere Wahl hat und trotz geringen Nutzens kaufen muss. Dabei bleiben immer ein bitterer Nachgeschmack und ein schlechtes Gefühl beim Käufer zurück.

Indifferent

Indifferent: Wo sich Nutzen und Kosten die Waage halten, ist das Ergebnis indifferent. Dann besteht kein Handlungsbedarf bzw. wird wenig Energie dafür eingesetzt werden, den Nutzen zu erreichen, da der **Wert gleich Null** ist.

In der untenstehenden Grafik wird dieser Zusammenhang zwischen Nutzen und Kosten dargestellt. Je attraktiver das Ergebnis erscheint, desto steiler ist die Kurve, da der wahrgenommen Nutzen die Kosten bei weitem übersteigt. Diese Überlegungen treffen für alle Verhandlungspartner (z.B. Käufer und Verkäufer) zu und sind jeweils spiegelverkehrt.

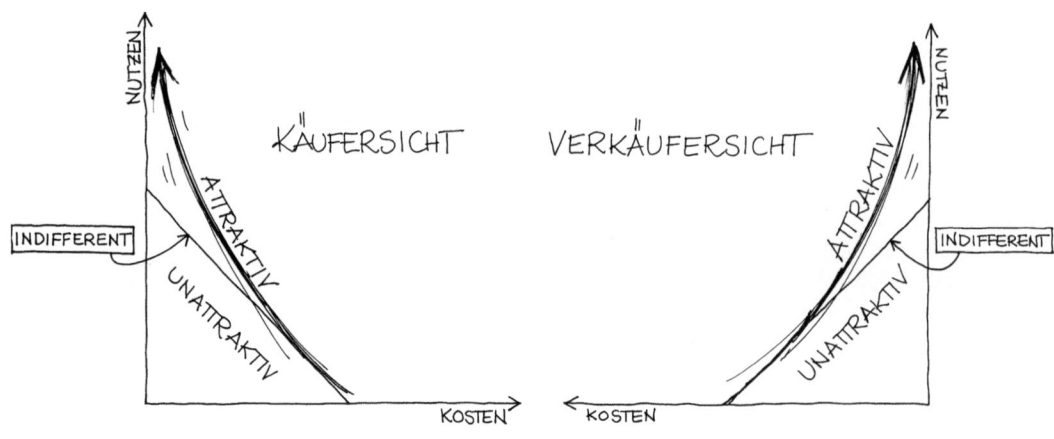

7.2 Die zwei Schritte zum Mehr-Wert

Der Weg zum Mehr-Wert hat eine klare Struktur – er besteht aus 2 Schritten, deren Reihenfolge unbedingt eingehalten werden muss.

2 Schritte, deren Reihenfolge
unbedingt eingehalten
werden muss

Zu Beginn jeder Verhandlung haben alle Verhandlungspartner in der Regel Erwartungen. Teile dieser Erwartungen betreffen auch den Nutzen, den sie durch die Verhandlung erreichen wollen. Dies ist der **erwartete Nutzen**.

Gelingt es Ihnen **zusätzlichen Nutzen** durch die Verhandlung zu schaffen, wird der **gesamte Nutzen** erhöht und damit **Mehr-Wert** geschaffen.

Daher beschäftigt sich der 1. Schritt mit Nutzen-Generierung.

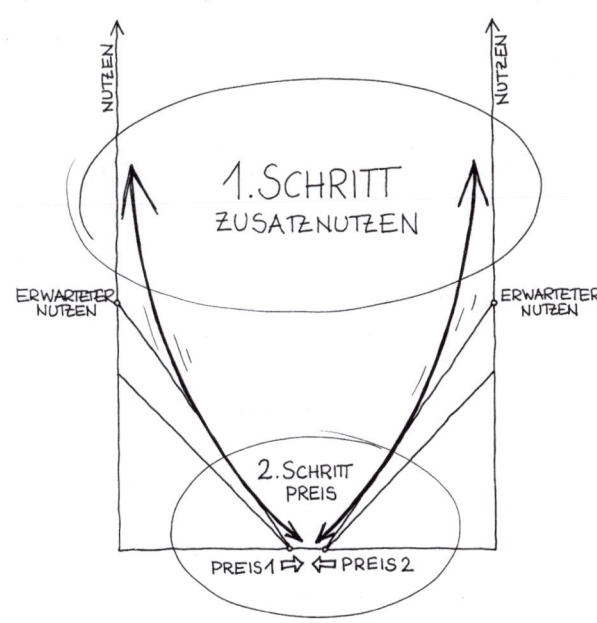

1. Schritt: Nutzen-Generierung

Beim ersten Schritt liegt der Fokus ausschließlich auf dem Nutzen.

1. Schritt:
Nutzen-Generierung

Fokus ausschließlich
auf dem Nutzen

Wie wir in der Grafik sehen, gibt es auf beiden Verhandlungsseiten einen erwarteten Nutzen. Ziel ist, durch die Verhandlung Zusatznutzen zu generieren. Der wechselseitige offene Informationsaustausch über Bedürfnisse ist der Schlüssel dazu. Wenn es gelingt, Zusatznutzen zu schaffen, der auf der anderen Seite weniger Kosten verursacht, dann ist tatsächlich mehr an Wert, also Mehr-Wert kreiert worden. Dazu ist es notwendig sich in der eigenen Vorbereitung ein ganz klares Bild über die eigenen Bedürfnisse, Interessen, Bedenken zu machen, um genau zu wissen, was Nutzen stiftet und was nicht. Erfragen Sie im Verhandlungsgespräch die Bedürfnisse von Ihrem Verhandlungspartner und teilen Sie unbedingt die eigenen mit, ansonsten können diese nicht erfüllt werden. Häufig haben Verhandlungspartner nur Klarheit über ihre Ziele, jedoch nicht darüber, was ihre zugrunde liegenden Bedürfnisse sind und was dadurch für sie Nutzen stiftet.

> **Erfragen Sie im Verhandlungsgespräch die Bedürfnisse von Ihrem Verhandlungspartner und teilen Sie unbedingt die eigenen mit, ansonsten können diese nicht erfüllt werden.**

Beispiele für Fragen:

- Wie sieht die ideale Lösung aus? Was ist dann anders?
- Was davon bringt mir hohen, was niedrigen, was keinen Nutzen?
- Was ist mir besonders wichtig, was weniger?
- Was glaube ich, bringt meinem Verhandlungspartner hohen, niedrigen, keinen Nutzen?
- Welche Fragen kann ich entwickeln, um vom Verhandlungspartner zu erfahren, was für ihn tatsächlich Nutzen stiftet und was nicht?

Näheres dazu im *Kapitel 10. „Kommunikation".*

➡ Kapitel 10.
„Kommunikation"

Anschließend entwickeln Sie in einer Art Brainstorming gemeinsam **mehrere Lösungsansätze**, die bestmöglich die individuellen Bedürfnisse befriedigen und dadurch maximalen Nutzen stiften. Realistisch können viele Bedürfnisse berücksichtigt werden, jedoch meistens nicht alle. Im Idealfall kann durch den offenen Austausch der

Information Wissen generiert werden. Dadurch können neue Lösungsideen mit Zusatznutzen entwickelt werden, die aus der jeweils eigenen Sicht überhaupt nicht sichtbar waren.

Häufig wird in der Praxis die Verhandlung abgeschlossen, wenn sich eine gute Lösung abzeichnet. Oft könnte es noch viel bessere Ergebnisse geben, wenn man auch dann noch weiter nach Optimierungspunkten sucht und eine zweite oder dritte Lösungsvariante anstrebt!

Im Idealfall kann Wissen generiert werden. Dadurch können neue Lösungsideen mit Zusatznutzen entwickelt werden, die aus der jeweils eigenen Sicht überhaupt nicht sichtbar waren.

2. Schritt: Bewertung und Verteilung

Jeder Verhandlungspartner überlegt zuerst für sich, was ihm die einzelnen Nutzen wert sind. Darauf aufbauend, wie viel er für welchen Nutzen zu zahlen bereit ist.

- Wie bewerte ich die einzelnen Nutzen und Leistungsbestandteile?
- Wie viel ist mir welcher Leistungsbestandteil wert, was bin ich bereit zu zahlen?
- Was glaube ich, sind meinem Verhandlungspartner die einzelnen Leistungsbestandteile wert?

2. Schritt: Bewertung und Verteilung

Anschließend wird über die unterschiedlichen Sichtweisen und Bewertungen verhandelt. Naturgemäß versucht jeder Verhandlungspartner seine Kosten so gering als möglich zu halten und den Wert zu erhöhen. In dieser Phase herrscht **„ebenbürtige Konkurrenz"**. Diese Konkurrenz ist ganz natürlich und völlig anders als in der Konkurrenzstrategie. Denn dort geht es ausschließlich um Eigennutzen.

Diese Gedankengänge sind die Basis für nutzenorientierte Preisverhandlungen, die in *Kapitel 9.2.1 „Vom Preis zum Nutzen"* näher ausgeführt wird.

Wichtig ist die Reihenfolge der Schritte. Für das Schaffen von Mehr-Wert ist der primäre Fokus auf Nutzengenerierung absolut entscheidend. Erst im zweiten Schritt geht es um die Kosten. Denn beginnen Sie bei der Kos-

➡ **Kapitel 9.2.1 „Vom Preis zum Nutzen"**

tenseite, dann kämpfen Sie um die Bewertung des offensichtlich Vorhandenen und landen zielsicher in der Konkurrenzstrategie. Dadurch ist die Offenheit zerstört, die erforderlich ist, um Bedürfnisse und Nutzen auszutauschen – die Chance auf Mehr-Wert vertan. Da bei Mehr-Wert-Verhandlungen der Nutzen *vor* den Kosten maximiert wurde, sind die Lösungen stets kreativ, nachhaltig und stabil.

Verhandlungslösungen stets kreativ, nachhaltig und stabil

7.3 Aufsplitten des Verhandlungsgegenstands

7.3.1 Aufsplitten in Nutzendimensionen

Obwohl der Nutzen ausschließlich höchst individuell beurteilt werden kann, ist es hilfreich, in Nutzendimensionen zu denken. Diese unterschiedlichen Arten von Nutzen helfen auch den eigenen, subjektiven Nutzen zu definieren. Durch gezieltes Fragenstellen, können Sie auch Ihren Verhandlungspartner unterstützen, seine nutzenstiftenden Kategorien herauszufiltern.

■ **Funktionale Nutzendimensionen:**
  ❑ Produktnutzen: höherer Komfort, bessere Ausstattung, Zusatzteile etc.
  ❑ Servicenutzen: Know-how, 24-h-Service, Ersatzteillager, Wartungs- und Reparaturkosten, etc.
  ❑ Handhabungsnutzen: praktischere Anwendung
  ❑ Anmutungsnutzen: schöner im Design

■ **Emotionale Nutzendimensionen:**
  ❑ Beziehungsnutzen
  ❑ Imagenutzen/Markennutzen
  ❑ Sicherheitsnutzen

■ **Ökonomischer Nutzen**: Dies betrifft nicht nur den Preis, sondern Kosten, die der Verhandlungspartner selbst durch Nutzen des Produkts bzw. der Dienstleistung spart: z.B. Energiekosten, geringere Rüstzeiten, optimierter Produktionsprozess, längere Lebensdauer, höhere Produktivität.

Ganz wesentlich ist zu erkennen, dass wir nie wissen, welchen Nutzen der Verhandlungsgegenstand für den Verhandlungspartner hat. Denn der Nutzen ist höchst subjektiv und kann stark von der Situation abhängen.

Betrachten wir z.B. die Faktoren Zeit und jeweilige Situation. Diese können anlassbezogen äußerst unterschiedlich bewertet werden. Angenommen, Sie wollen heiraten, und Ihr Hochzeitsanzug ist gerade am Tag vor der Hochzeit einer Wasserbombe der Nachbarkinder zum Opfer gefallen. Sand und Wasser auf Ihrem wunderschönen Seidenanzug. In so einem Fall wird es Ihnen vermutlich egal sein, auch eine x-fache Summe zu bezahlen, wenn die Putzerei Ihren Anzug innerhalb weniger Stunden reinigt. Betreiben Sie allerdings einen Kostümverleih und wollen regelmäßig nach der Saison die gesamte Garderobe reinigen lassen, ist der Zeitpunkt der Reinigung irrelevant, solange es vor der nächsten Hauptsaison passiert. Bei diesem Beispiel geht es ausschließlich um finanzielle und qualitative Konditionen. Umgekehrt hat die Reinigung andere Kalkulationsfaktoren zu berücksichtigen, denn sie kann beispielsweise die Ware dieses Großauftrags als Lückenfüller in Zeiten schwacher Auslastung nützen.

Somit ist der Verhandlungsgegenstand „Reinigung eines Anzugs" auch bei den gleichen qualitativen Kriterien nie der gleiche. Ihm liegen jeweils konträre Bedürfnisse zugrunde. Haupt- und Nebenthemen sind daher unterschiedlich gelagert.

Viele dieser Nutzendimensionen haben nichts mit Leistungsmerkmalen von Produkten oder Dienstleistungen zu tun, sondern stiften Nutzen unabhängig vom Produkt an sich – wie z.B. Beziehungsnutzen, Imagenutzen. Die gesamte „Marken"-Industrie lebt davon.

Wir wissen nie, welchen Nutzen der Verhandlungsgegenstand für den Verhandlungspartner hat. Der Nutzen ist höchst subjektiv und situationsabhängig.

7.3.2 Aufsplitten in Leistungsbestandteile

Ein weiterer wichtiger Punkt in der Nutzenbetrachtung ist, dass Produkte bzw. Dienstleistungen aus unterschiedlichen Leistungsbestandteilen, Leistungsmerkmalen bestehen. Der Verhandlungsgegenstand besteht immer aus mehreren Leistungsbestandteilen, selbst wenn er auf den ersten Blick wie eine Einheit wirkt. Der einfachste Fall ist der unteilbare Verhandlungsgegenstand mit der zeitlichen Komponente der Bezahlung. Je facettenreicher der Verhandlungsgegenstand ist, desto mehr Lösungsmöglichkeiten ergeben sich daraus.

Bei Mehr-Wert-Verhandlungen ist es wesentlich, den Verhandlungsgegenstand in diese einzelnen Leistungsbestandteile aufzusplitten. Dieses Aufsplitten und anschließende Bewerten ist Basis in der Vorbereitung von beiden Verhandlungspartnern. Beim Bewerten wird subjektiv entschieden, was hohen und was geringen Nutzen stiftet, was wesentlich und was unwesentlich ist.

Grundgedanke zum Mehr-Wert schaffen ist der Abtausch von unterschiedlichen Wertigkeiten: Was bringt mir/dem Verhandlungspartner hohen Nutzen und verursacht dem jeweils anderen niedrige Kosten?

Grundgedanke: Abtausch von unterschiedlichen Wertigkeiten: Was bringt hohen Nutzen und verursacht niedrige Kosten?

BEISPIEL: Aufsplitten in Leistungsbestandteile anhand des Kaufs einer Drehbank

Drehbank Marke xy Type xy, Lieferzeit, Preis, Zahlungsmodalitäten, Instandhaltungskosten (Energieverbrauch, Ersatzteile etc.), Wartungsvertrag, 24-h-Service, Vernetzbarkeit mit der EDV, Schulungsbedarf für Mitarbeiter, problemlose Integrierbarkeit in die vorhandene Produktionslinie, Präzision, Garantiezeit, Image des Lieferanten etc.
Diese Leistungsbestandteile werden vom potenziellen Käufer individuell, je nachdem wie viel Nutzen welche Komponente stiftet, bewertet.

7.4 Beispiele für Mehr-Wert

BEISPIEL 1:

Angenommen, Sie wollen ein Haus errichten lassen. Sie wollen oder können aber nur einen Betrag deutlich unter dem gebotenen Preis bezahlen. Für Sie ist es nicht entscheidend, wann das Haus genau fertiggestellt wird. Nur der Endtermin von spätestens Frühjahr nächsten Jahres wird fixiert. Durch diese zeitliche Flexibilität ändert sich die Kalkulationsgrundlage des Lieferanten, da er in Zeiten, in denen er nicht voll ausgelastet ist, Lückenfüllerarbeit hat. Auch kann er die Fahrten mit Leerfahrten koppeln und dadurch kostenmäßig optimieren. All dies erspart ihm Überstunden, Fahrt- und Personalkosten etc. Beide profitieren, weil die Komponenten des Verhandlungsgegenstands unterschiedlich wichtig und werthaltig sind. Dies zeigt, dass es nicht nur um den Preis geht, sondern dass Mehr-Wert geschaffen werden kann. Es wurden Optimierungspunkte entdeckt, die bei anderen Strategien unentdeckt geblieben wären, weil lediglich um den Preis gekämpft worden wäre.

BEISPIEL 2:

Angenommen, Sie haben ein mittelständiges Unternehmen mit bester Bonität und dadurch günstigen Finanzierungskosten. Ein wichtiger Stammkunde von Ihnen mit mittlerer Bonität liefert in eine Branche, in der 180 Tage Zahlungsziel Standard sind. Ihr Kunde möchte sein Cash-Management optimieren und auch bei Ihnen 180 Tage Zahlungsziel erreichen, da seine Bankfinanzierung überdurchschnittlich teuer ist. Sie passen Ihre Zahlungsziele an 180 Tage an, verrechnen Ihre Finanzierungskosten und einen angemessenen Risikoaufschlag an ihn weiter. Dies stellt für Sie keine Mehrkosten, für ihn stark reduzierte Finanzierungskosten dar. Der Gesamtnutzen wurde erhöht.

BEISPIEL 3:

Immaterielle Nutzen (Image, Werbung etc.) bieten beim Mehr-Wert schaffen große Chancen: Angenommen, Ihr Lieferant ist ein angesehener Weltkonzern mit einer äußerst auflagenstarken Kundenzeitung. Er bietet Ihnen an, Ihr Unternehmen auf einer ganzen A4-Seite in der nächsten Ausgabe zu präsentieren. Der Nutzen, die Werbewirksamkeit, ist für Sie sehr hoch. Kosten auf der Lieferantenseite sind gering.

7.5 Checkliste Vorbereitung zum Mehr-Wert schaffen

CHECKLISTE

---

1. Definition des Verhandlungsgegenstands
- ❏ Worum geht es genau?
- ❏ Wie ist der Verhandlungsgegenstand definiert?
- ❏ Kann es diesbezüglich unterschiedliche Sichtweisen von Verhandlungspartner und mir geben?

2. Welche **Bedürfnisse** habe ich/wird mein Verhandlungspartner haben?

3. Aufsplitten des Verhandlungsgegenstands

Nutzendimensionen:
- ❏ Welchen Nutzen kann ich voraussichtlich für meinen Verhandlungspartner stiften und wodurch?
- ❏ Was davon hat für mich hohen, was niedrigen Nutzen?
- ❏ Was davon ist mir/meinem Verhandlungspartner wichtig/unwichtig?
- ❏ Was brauche ich/braucht mein Verhandlungspartner dringend, was weniger?
- ❏ Wo bin ich bereit abzutauschen, was muss ich unbedingt erreichen? (Must/Nice to have)

Leistungsbestandteile:
- ❏ In welche Leistungsbestandteile kann ich den Verhandlungsgegenstand aufsplitten?

4. Bewertung der einzelnen Nutzen und Leistungsbestandteile (für mich und den Verhandlungspartner)
- ❏ Was sind mir die einzelnen Nutzen und Leistungsbestandteile wert?
- ❏ Was bin ich bereit für die einzelnen Komponenten zu zahlen/zu tun?

5. Zieldefinition und Strategiewahl

6. Entwickeln Sie Fragen, um die Information von Ihrem Verhandlungspartner zu erhalten, die Sie brauchen, um Mehr-Wert schaffen zu können!

Grundvoraussetzung für das Mehr-Wert schaffen ist Ihre innere Bereitschaft den gemeinsamen Nutzen zu maximieren!

8. DER VERHANDLUNGSPROZESS

IRRE®-Verhandeln beschäftigt sich mit dem gesamten Verhandlungsprozess, nicht nur mit dem erfolgreichen Führen des Verhandlungsgesprächs.

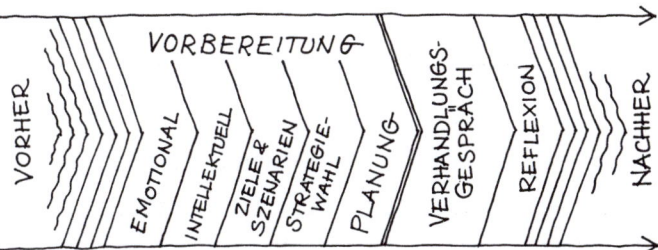

Der **gesamte Verhandlungsprozess** wird in folgende Phasen eingeteilt:

- Vorgeschichte
- Vorbereitung
  - ❑ emotionale Vorbereitung
  - ❑ intellektuelle Vorbereitung
  - ❑ Zieldefinition und Entwicklung von Szenarien
  - ❑ Strategiewahl
  - ❑ Planung und Vorbereitung des Verhandlungsgesprächs
- Verhandlungsgespräch mit Beziehungs- und quantitativem Ergebnis
- Nachbereitung und Reflexion
- Nachher = Vorgeschichte für die nächste Verhandlung

8.1 Vorgeschichte

Der Verhandlungsprozess ist ein **Kreislauf**. Es gibt keine Verhandlung, die bei „Null" beginnt. Jede Verhandlung hat eine mehr oder weniger lange Vorgeschichte und

Es gibt keine Verhandlung, die bei „Null" beginnt. Jede Verhandlung hat eine mehr oder weniger lange Vorgeschichte und wirkt in die Zukunft weiter.

wirkt in die Zukunft weiter. Sie haben Erfahrungen gemacht, die Ihre Einstellungen und dadurch Ihre „inneren Bilder" geprägt haben. Diese Erfahrungen haben nichts mit Ihrem noch unbekannten Verhandlungspartner zu tun. Trotzdem wirken diese auf jede zukünftige Verhandlung. Diese Vorgeschichte beschäftigt sich vor allem mit dem Selbstbild, den eigenen Sichtweisen über den Verhandlungspartner und den Verhandlungsgegenstand. Die bisherigen Verhandlungen prägen Ihr Image, das Ihnen vorauseilt. Ihre zukünftigen Verhandlungspartner werden sich bei deren fundierter Vorbereitung über Ihren Ruf und Ihre Verhaltensweisen erkundigen. Gehen Sie davon aus, dass Sie kein unbeschriebenes Blatt sind. Daher ist es wichtig, diese Vorgeschichte genau zu analysieren und Ihr Image ganz bewusst zu gestalten.

Nicht nur Ihre „allgemeine" Verhandlungserfahrung hat Bilder geprägt, sondern im Besonderen gemachte Verhandlungen mit dem jeweiligen Verhandlungspartner, auf den Sie sich gerade vorbereiten. Falls es noch keine unmittelbare Erfahrung mit demjenigen gibt, versuchen Sie vermutlich von Dritten Information über den Verhandlungspartner zu erhalten.

8.2 Emotionale Vorbereitung

Bei der emotionalen Vorbereitung setzten wir uns mit unseren **Einstellungen** und **Bewertungen** auseinander, die sich während des Verhandlungsgesprächs durch die **Körpersprache** ausdrücken und vom Verhandlungspartner bewusst oder unbewusst gelesen werden. Durch unsere Körpersprache werden unsere Einstellungen und Bewertungen völlig transparent – sichtbar, hörbar, spürbar.

Durch unsere Körpersprache werden unsere Einstellungen und Bewertungen völlig transparent – sichtbar, hörbar, spürbar.

8.2.1 Die sechs magischen Fragen der emotionalen Klarheit

STELLEN SIE SICH VOR UND WÄHREND JEDER VERHANDLUNG DIE 6 MAGISCHEN FRAGEN DER EMOTIONALEN KLARHEIT:

1. Was denke ich über **mich als Verhandlungspartner bzw. -partnerin?** (Was kann ich gut, was weniger, was sind *meine* Stärken, wovor habe ich Angst, was gibt mir Kraft etc.)

2. Was denke ich über meine/n **Verhandlungspartner?** (achte oder verachte ich ihn, halte ich ihn für ehrlich oder unehrlich etc.)

3. Was denke ich über den **Verhandlungsgegenstand?**

4. Was glaube ich, denkt mein **Verhandlungspartner über mich,** den Verhandlungsgegenstand und sich selbst?

5. Wie **groß oder klein** fühle ich mich im Vergleich zu meinem Verhandlungspartner?

6. Sind diese **Einstellungen** für die kommende Verhandlung hilfreich oder hinderlich und sollte ich diese nochmals überdenken?

Was denke ich über mich als Verhandlungspartner bzw. -partnerin?

Aufgrund Ihrer Erfahrungen haben Sie ein konkretes Bild über Ihre Rolle als Verhandlungspartner bzw. -partnerin. Entsprechend dieses Bildes handeln Sie. Um Ihre Handlungen steuern zu können, ist es wichtig, Klarheit über Ihre „inneren Bilder", Einstellungen und Verhaltensweisen zu haben.

Stellen Sie sich doch folgende Fragen:
- Was **bedeutet** für mich **verhandeln**? (kämpfen und siegen, gewinnen wollen, Lösungen finden etc.)
- Welches **Bild** habe ich **von mir** als Verhandlungspartner bzw. -partnerin?

- Wie beschreibe ich mich selbst in meiner Rolle als Verhandlungspartner bzw. -partnerin?
- Welche **Verhaltensweisen und Reaktionen** habe ich bei mir beobachtet?
  Wie bewerte ich diese? Welche Erfahrungen habe ich damit gemacht?
- Was **traue ich mir** selbst als Verhandlungspartner bzw. -partnerin **zu**?
- Verhandle ich **gerne oder meide** ich Verhandlungssituationen?

Was denke ich über meinen Verhandlungspartner?

Erfahrungen mit dem jeweiligen Verhandlungspartner und dadurch aufgebautes oder zerbrochenes Vertrauen in vergangenen Verhandlungen prägen Ihre Sichtweisen über den Verhandlungspartner. Sie haben auch taktische Besonderheiten des Verhandlungspartners kennengelernt (z.B. „stellt viele Fragen und kann gut zuhören" oder „argumentiert viel und lange"; „ist gut organisiert", „übt Zeitdruck oder Macht aus" etc.), auf die Sie sich bei den nächsten Verhandlungen bereits gut einstellen und vorbereiten können.

- Welche **Erfahrungen** habe ich mit diesem Verhandlungspartner bisher gemacht?
- Welches **Bild** habe ich von meinem Verhandlungspartner?
- Wie war das **Klima** in den bisherigen Verhandlungen?
- Wie empfinde ich das **Vertrauensverhältnis** zu meinem Verhandlungspartner?

Was denke ich über den Verhandlungsgegenstand?

Der Verhandlungsgegenstand wird in jeder Verhandlung „bewertet", das heißt, der Gegenstand verliert seine Neutralität. Die Erfahrungen, die Sie mit einem Verhandlungsgegenstand gemacht haben, prägen Ihr Denken und Empfinden über den Verhandlungsgegenstand und dies wiederum Ihre Vorgehensweise.

Haben Sie z.B. als Verkäufer gute Erfahrungen mit einem neuen Produkt/einer Dienstleistung gemacht, werden Sie anders darüber denken und somit handeln, als hätten Sie ständig Reklamationen und Beschwerden damit.

Folgende **Fragen** können hilfreich sein:
- Bin ich stolz auf mein Produkt/meine Dienstleistung?
- Halte ich dieses Produkt/diese Dienstleistung für konkurrenzfähig?
- Wie schätze ich den Preis im Vergleich zum Mitbewerb ein?

Was glaube ich, denkt mein Verhandlungspartner über mich, den Verhandlungsgegenstand und über sich selbst?

Die Antworten auf diese Fragen, entspringen ausschließlich der **eigenen Phantasie**. Und trotzdem haben diese Antworten großen Einfluss auf unsere Verhaltens- und Vorgehensweisen. Wollen Sie wirklich wissen, was der Verhandlungspartner denkt, bleibt nur, ihn zu fragen. Alleine das Bewusstsein, dass Sie der „Konstrukteur" dieser Antworten sind, kann helfen. Denn auch nur Sie können diese, falls Sie nicht hilfreich sind, „umgestalten".

Wie groß oder klein fühle ich mich im Vergleich zu meinem Verhandlungspartner?

Das empfundene innere Größenverhältnis ist dermaßen erfolgskritisch, dass sich ein ganzes Kapitel mit diesem Thema beschäftigt. Siehe *Kapitel 3. „Innere" Größenverhältnisse"*.

➡ Kapitel 3.
„Innere" Größenverhältnisse"

Sind diese Einstellungen für die kommende Verhandlung hilfreich oder hinderlich und sollte ich diese nochmals überdenken?

Unsere Einstellungen prägen unsere Vorgehensweise und somit unseren Erfolg. Daher ist das Bewusstmachen dieser Einstellungen von großer Bedeutung. *Kapitel 2.3.2 „Bewertungen und Einstellungen"* widmet sich diesem Thema.

➡ Kapitel 2.3.2 „Bewertungen und Einstellungen"

8.2.2 Tretminen-Themen

Verhandlungsgegenstände oder Teilbereiche, die in vorangegangenen Verhandlungen ungeklärt blieben oder vielleicht sogar zu einem Konflikt führten, können in der neuen Verhandlungssituation zu belastenden und belasteten Themen werden. Diese Themen stehen dann zwischen Ihnen und Ihrem Verhandlungspartner. Besonders belastete Themenbereiche, die ich aus meiner Praxis gerne als „Tretminen-Themen" bezeichne, bekommen einen **Sonderstatus** in der Behandlung. Ich bezeichne sie deshalb als Tretminen, da man sie nicht sieht, trotzdem latent weiß oder zumindest stark vermutet, dass sie noch begraben liegen und „scharf" sind: Jederzeit können sie in einem unaufmerksamen Augenblick hochgehen. Solche Tretminen-Themen haben in Verhandlungen oft vernichtende Wirkung, da sie nur kurz angetippt werden müssen, um zu explodieren. Manchmal hat man Glück und der Zünder funktioniert nicht mehr. In solchen Fällen hat die Zeit manches geheilt und es kann konstruktiv über dieses ehemals belastete Thema gesprochen werden.

! TIPP:

Tretminen-Themen können nicht mehr wie andere Verhandlungsgegenstände behandelt werden. Sie sollten entweder gezielt vor der Verhandlung als eigenes Thema, bestmöglich in einer eigenen Verhandlung, angesprochen und gelöst werden oder bewusst gemieden werden. Das bewusste Ansprechen erfordert eine passende Stimmung und Atmosphäre, ausreichend Zeit und ein 4-Augengespräch. Sind diese notwendigen Rahmenbedingungen nicht vorhanden, sollten solch diffizile Themen unter keinen Umständen mit der anstehenden Verhandlung vermischt werden, sondern bewusst gemieden werden, bis die Rahmenbedingungen passen, um nicht das Gesamtergebnis zu gefährden.

8.3 Intellektuelle Vorbereitung

Bei der intellektuellen Vorbereitung ist es wesentlich, sich intensiv Gedanken über die eigene Sicht und über die (vermutete) Sicht Ihres Verhandlungspartners zu machen. Sich auf die eigene Situation, die Ziele, die Rahmenbedingungen, das eigene Image usw. vorzubereiten, ist klar. Welchen Sinn macht es jedoch, sich auf die Sicht des Verhandlungspartners vorzubereiten – die Sie gar nicht kennen können? Unbewusst laufen stets parallel zu Ihrer eigenen Vorbereitung Gedankengänge wie „Was werden seine Ziele sein? Was wird er besonders dringend brauchen? Wo sind die Knackpunkte? Wo ist sein Abbruchpunkt? Welche Strategie wird er wählen?" Solange diese Fragen jedoch nur unbewusst gestellt werden, werden Sie während der Verhandlung aus der Bahn geworfen sein, wenn es doch anders kommen sollte, als geplant. Haben Sie hingegen Ihre Annahmen bewusst getroffen, können Sie unmittelbar reagieren. Die Phase der Verwirrung, die Sie schwächt, entfällt oder ist zumindest nur minimal.

8.3.1 *Ich* als Verhandlungspartner/-in

Diese intellektuelle Vorbereitung beschäftigt sich mit der Analyse der eigenen Situation, der Position und des eigenen Images „am Markt".

Durch die Analyse Ihrer eigenen **Situation** schaffen Sie Klarheit über den Grad Ihrer Abhängigkeit vom Verhandlungsergebnis und von Ihrem Verhandlungspartner.

Dabei helfen folgende Fragen:
- Wie viel steht für mich auf dem Spiel? Wie abhängig bin ich vom Ergebnis?
  - ❏ beziehungsmäßig
  - ❏ ergebnismäßig
  - ❏ imagemäßig (Gesichtswahrung vs. Gesichtsverlust)

■ Was darf unter gar keinen Umständen passieren?
■ Stehe ich mit meinem Verhandlungspartner in einem Abhängigkeitsverhältnis?
  ❏ Positionsmacht (z.B. Vorgesetzter : Mitarbeiter)
  ❏ Marktmacht (z.B. Monopolist)
  ❏ Entscheidungsmacht (z.B. Eltern : Kinder)

Wenn sehr viel vom Erreichen des quantitativen Ergebnisses abhängt, wird oft zielstrebig das Ergebnis verfolgt und zu wenig auf die Beziehungsebene geachtet. Aus taktischen Gründen wird häufig Druck ausgeübt, was wiederum Gegendruck erzeugt. Dies belastet das Verhandlungsklima und die Fronten verhärten sich. Rasch entsteht eine Negativspirale und der drohende Gesichtsverlust verhärtet die Fronten zusehends. Und gerade dann gibt es eine weitere Herausforderung – den Zugang zu unserem logischen Denkvermögen. Je wichtiger uns das Verhandlungsergebnis ist, desto weniger können wir analytisch denken, desto stärker ist die emotionale Steuerung. Egokämpfe bestimmen das Geschehen und lenken die Verhandlung weg vom eigentlichen Ziel, hin zum neuen Schauplatz, dem Ego. Gerade weil diese Konsequenzen gravierend sind, ist es wesentlich, Klarheit über die individuelle Bedeutung der kommenden Verhandlung zu haben.

Je wichtiger uns das Verhandlungsergebnis ist, desto weniger können wir analytisch denken, desto stärker ist die emotionale Steuerung.

Auch die eigene **Position** zu klären ist notwendig:
■ Welche Rolle habe ich im Verhandlungsprozess? (z.B. Entscheider, Unterhändler, Experte, Auftraggeber etc.)
■ Muss ich mich gegenüber jemandem rechtfertigen oder betrifft das Ergebnis ausschließlich mich?
  ❏ Wem gegenüber muss ich mich rechtfertigen bzw. das Ergebnis „verkaufen"?
■ Gibt es „innere Einflüsterer", die während der Verhandlung auf der Schulter sitzen und „Anweisungen" geben?
  ❏ Was muss ich dabei berücksichtigen?

❏ Was erwartet sich mein Auftraggeber und wie soll das Ergebnis laut ihm aussehen?

Mehr Informationen zu den „inneren Einflüsterern" finden Sie in *Kapitel 2.3.3 „Innere Einflüsterer"*.

➡ Kapitel 2.3.3
„Innere Einflüsterer"

Ihr **Image** ist ergebnisrelevant! Daher ist es wesentlich, sich seines eigenen Images, des eigenen Rufs bewusst zu werden. Bei Verhandlungen haben Sie selten die Chance, Ihren ersten Eindruck selbst zu gestalten. Ihr Ruf eilt Ihnen voraus und prägt Ihren ersten Eindruck. Für Ihre kommenden Verhandlungen ist es von großer Bedeutung, welches Image Sie „am Markt" haben. Es bestimmt, wie man Ihnen bei der nächsten Verhandlung entgegentritt, wie die Gesprächskultur sein wird. Es bestimmt sogar die preislichen Forderungen, ob moderat, überzogen etc., die an Sie herangetragen werden. Ein mitbestimmender Faktor bei der Wahl der passenden Strategie sind die erwarteten Verhaltensweisen des Verhandlungspartners, also der Ruf, der jedem vorauseilt. Daher sollten Sie zielgerichtet daran arbeiten, Ihren gewünschten Ruf als Verhandlungspartner aufzubauen.

Ihr Ruf eilt Ihnen voraus und prägt Ihren ersten Eindruck.

Beachten Sie dies bei Ihren Verhaltensweisen während Verhandlungen! Gehen Sie davon aus, dass Ihr Verhandlungsstil publik wird und sich Ihre zukünftigen Verhandlungspartner darauf einstellen können. Der erste Schritt für den gezielten Aufbau Ihres Ziel-Images ist die Klarheit über Ihr aktuelles Image.

TIPP:

Beachten Sie, dass jede geführte Verhandlung Ihren Ruf prägt. Agieren Sie immer so, als würde jede Ihrer Verhaltensweisen in Verhandlungen öffentlich werden.

Als **Kurzanalyse Ihres Ist-Images** ist es wesentlich, sich folgende Fragen zu stellen:

Kurzanalyse Ihres Ist-Images

- Wie beschreibe ich mich selbst in dieser Rolle?
- Welche meiner Verhaltensweisen sind förderlich, welche hinderlich für den Erfolg?
- Wie glaube ich, werde ich von meinen Verhandlungspartnern beschrieben?

➡ **Kapitel 11.3**
„Die vier Schritte zu Ihrem
persönlichen Ziel-Image"

Falls Ihr Ist-Image auch dem entspricht, wie Sie gerne gesehen werden möchten, haben Sie keinen Handlungsbedarf. Wollen Sie jedoch eine bewusste Image-Korrektur vornehmen und ein klares Ziel-Image definieren, dann hilft die ausführliche Checkliste „Ihre vier Schritte zu Ihrem persönlichen Ziel-Image als Verhandlungspartner", die Sie im Anhang finden.

8.3.2 Ihr Verhandlungspartner

Der zweite wesentliche Teil in der intellektuellen Vorbereitung widmet sich der Analyse Ihres Verhandlungspartners. Diese ist großteils auf Annahmen aufgebaut. Trotzdem ist sie wesentlich, da Sie unbewusst entsprechend dieser Mutmaßungen handeln. Wenn Sie sich bestmöglich in die Lage Ihres Verhandlungspartners hineinversetzen, können Sie bereits im Vorfeld Verständnis und eine „Beziehung" zu Ihrem Verhandlungspartner aufbauen. Ihre Lösungsideen werden kreativer und facettenreicher, je intensiver Sie sich mit der angenommenen Sichtweise Ihres Visavis beschäftigen. Auch zeigt diese Vorbereitung bereits viele potenzielle Konfliktpunkte auf. Kommt es während der Verhandlung anders als Sie angenommen haben, bleiben Sie trotzdem handlungsfähig!

Welche Information benötigen Sie über Ihren Verhandlungspartner?

Sie benötigen Information über die **Person**, die **Situation** und die **angenommenen Ziele** Ihres Verhandlungspartners.

■ Wer ist mein Verhandlungspartner?
■ Wird es ein 4-Augen-Gespräch oder eine Gruppenverhandlung? Wenn ja, wer ist noch dabei und welche Rolle spielen die weiteren Teilnehmer?
■ Image, Vorliebe für bestimmte Verhandlungsstrategien (z.B. geht Kompromisse ein, geht auf Konkurrenz etc.)
■ Verhaltens- und Vorgehensweisen, Verhandlungsstil

- Verhandlungserfahrungen, Einstellung zum Verhandlungsgegenstand
- Was glaube ich steht für meinen Verhandlungspartner am Spiel?
  - beziehungsmäßig
  - ergebnismäßig
  - imagemäßig (Gesichtwahrung vs. Gesichtsverlust)
  - Was darf für ihn unter gar keinen Umständen passieren?
- Braucht mein Verhandlungspartner diese Verhandlung oder kann er auch ohne sie seine Ziele erreichen?
- Allgemeines wie Hobbys, sonstige Themen, über die der Verhandlungspartner gerne spricht etc.

Themen, über die der Verhandlungspartner gerne spricht, sind mögliche Anknüpfungspunkte für den Gesprächseinstieg, für den Smalltalk. Diese Aufwärmphase hilft das Eis zu brechen und eine angenehme Atmosphäre herzustellen. Wenn Sie den Verhandlungspartner in einen Redefluss über seine Lieblingsthemen bringen, haben Sie Zeit gewonnen, um sich auf Ihr Gegenüber einzustellen. Der Verhandlungspartner fühlt sich wertgeschätzt, wenn Sie hinhören und vertiefende Fragen stellen.

Auch die **Position** des Verhandlungspartners ist zu klären:
- Welche Rolle hat mein Verhandlungspartner? (Entscheider, Unterhändler, Experte, Auftraggeber etc.)
- Muss er sich jemandem gegenüber rechtfertigen oder betrifft das Verhandlungsergebnis ausschließlich ihn?
- Wem muss er das Verhandlungsergebnis „verkaufen"?
- Was glaube ich, könnte ich beim Verhandeln berücksichtigen, um die Zustimmung von ihm oder seinem Entscheider zu bekommen?
- Wie glaube ich, sieht mein Verhandlungspartner eventuelle Abhängigkeitsverhältnisse?

❏ Positionsmacht (z.B. Vorgesetzter : Mitarbeiter)
❏ Marktmacht (z.B. Monopolist)
❏ Entscheidungsmacht (z.B. Eltern : Kinder)

(Vermutete) Ziele des Verhandlungspartners

■ Welche Ziele glaube ich, verfolgt mein Verhandlungspartner? Und warum?
■ Was könnten die zugrundeliegenden Interessen und Bedürfnisse sein?
■ Wird ihm das Ergebnis oder die Beziehung wichtiger sein?
■ Welche Strategie wird der Verhandlungspartner daher voraussichtlich wählen?
■ Was bringt ihm den größten Nutzen, was hat niedrigen Nutzen?
■ Was glaube ich, darf unter gar keinen Umständen passieren?
■ Was macht er, wenn die Verhandlung scheitert?
■ Hat er Alternativen?
■ Wie gut/schlecht sind diese Alternativen?

Verhältnis zwischen Verhandlungspartner und Ihnen

■ Habe ich bereits Erfahrung mit diesem Verhandlungspartner gewonnen?
  ❏ Wenn ja, in welcher Form und mit welchen voraussichtlichen Auswirkungen auf die kommende Verhandlung?
■ Wie beschreibe/empfinde ich unsere Beziehung?

Wie kommen Sie zu diesen Informationen über den Verhandlungspartner?

■ Kennen Sie einander schon aus früheren Verhandlungen?
■ Kennen Sie jemanden, dem Sie vertrauen und der mit Ihrem Verhandlungspartner Kontakt hatte bzw. bereits verhandelt hat? (Achtung: Dabei handelt es sich natür-

lich lediglich um eine subjektive Beschreibung. Der Verhandlungspartner kann sich bei Ihnen völlig anders verhalten.)

- ◼ Das Internet und sonstige Medien bieten oft ungeahnte Information (Achtung: Auch über Sie!)

8.3.3 Verhandlungsgegenstand

Zu allererst muss der Verhandlungsgegenstand genau definiert werden. Dies scheint völlig klar zu sein, ist es oft aber nicht. Viele Verhandlungen scheitern, da beide Verhandlungspartner mit völlig unterschiedlichen Vorstellungen, was denn Thema sei, in die Verhandlungen gehen.

- ◼ **Worum geht es in dieser Verhandlung (wirklich)?**
- ◼ Kann es Unklarheiten zwischen dem Verhandlungspartner und mir über den Verhandlungsgegenstand, das Thema geben?
  - ❏ Wenn ja, was könnte unklar sein?

Die detaillierte Vorbereitung bezüglich Aufsplitten und Bewerten des Verhandlungsgegenstands ist in *Kapitel 7. „Mehr-Wert schaffen durch Nutzen maximieren"* beschrieben.

➡ Kapitel 7. „Mehr-Wert schaffen durch Nutzen maximieren"

Angenommen, der Verhandlungsgegenstand ist klar definiert, stellen Sie sich stets die Frage:

- ◼ Welchen Nutzen glaube ich, kann ich für den Verhandlungspartner stiften?

8.3.4 Klarheit über den Entscheidungsprozess

Der einfachste und schnellste Weg ist, wenn Sie und Ihr Verhandlungspartner **selbst** alle **Entscheidungen treffen können**. Dann brauchen Sie „nur" Klarheit darüber, wann und zu welchen Bedingungen Sie „Ja" sagen können. Dabei unterstützt Sie das Aufsplitten des Verhandlungsgegenstands und das Bewerten der einzelnen Komponenten. Durch diese gründliche Vorbereitung wissen Sie genau, wann Sie die Verhandlung abschließen können. Es ist unglaublich, wie oft Verhandlungen hinausgezögert werden, weil keine Klarheit über die Zielerreichung herrscht.

Falls Sie und Ihr Verhandlungspartner **nicht** alle Entscheidungen **selbst treffen können**, ist Klarheit über die jeweils eigene Rolle Grundvoraussetzung.

■ Wie sieht Ihr eigener Kompetenzrahmen aus? Wie sieht der Ihres Verhandlungspartners aus?

■ Bis zu welchen Konditionen können Sie und Ihr Verhandlungspartner selbst entscheiden?

Dazu brauchen Sie Klarheit über den **Ablauf der Entscheidungsprozesse**.

■ Wer entscheidet? (der Vorgesetzte, ein Gremium etc.)

■ Wann kann entschieden werden? (nächste Sitzung des Gremiums etc.)

■ Wie ist der Ablauf des Entscheidungsprozesses? Welche Vorentscheidungen gibt es?

■ Welche Unterlagen sind für die Entscheidung notwendig bzw. hilfreich?

■ Sind Vorgespräche mit dem Entscheider zielführend?

■ Wie treten Sie vor dem Verhandlungspartner auf? Als entscheidungsbefugter Verhandler oder doch von Entscheidungsträgern abhängiger Unterhändler?

Klären Sie möglichst rasch, was Ihr Verhandlungspartner entscheiden darf und was nicht. Ansonsten werden Sie leicht zum Spielball zwischen den „scheinbaren" Entscheidungsträgern.

Das Thema **Entscheidungsbefugnis** ist wesentlich, sowohl in der Vorbereitung als auch während des Verhandlungsgesprächs. Klären Sie möglichst rasch, was Ihr Verhandlungspartner entscheiden darf und was nicht. Ansonsten werden Sie leicht zum Spielball zwischen den „scheinbaren" Entscheidungsträgern. Die Spielregeln ändern sich gravierend, wenn der Verhandlungspartner nicht selbst entscheidungsbefugt ist. Es stellt sich die Frage, ob Sie diese Person überhaupt als Verhandlungspartner akzeptieren sollen/wollen. Wenn Sie sensible Information geben, der Verhandlungspartner jedoch ein nicht entscheidungsbefugter Unterhändler ist, bleibt seine Verhandlungsseite in der völligen Unverbindlichkeit und hat stets ein Exit-Szenario. Er nimmt Informationen auf und geht damit zu seinem Entscheider – alles bleibt offen. Sie bleiben in diesem Fall als hoffender Bittsteller zurück. Das Ausstiegsszenario ist vorprogrammiert. „Es tut mir so leid, ich wollte ja unbedingt mit Ihnen die besprochene Vereinbarung treffen, aber Sie wissen ja, mein Chef …"; „Ich bin leider nicht entscheidungs-befugt.". Da kann man nur sagen: Blöd gelaufen! Das Spiel ist vorbei und Sie sind als der „Blamierte" überge-blieben.

Also Vorsicht, wem Sie was sagen! Verbindlichkeit muss immer auf beiden Seiten gegeben sein. Geben Sie sensible Informationen erst, wenn auch der Verhand-lungspartner die Verbindlichkeit steigert, also Zug um Zug. Verhandeln Sie nur mit kalkulierbarem Risiko und bedenken Sie dies bei Ihrer Mitteilungsfreudigkeit. Beim Verhandeln kann Schweigen wahrlich „Gold" sein!

Manche Verhandler spielen ganz bewusst das Spiel der Unterhändler. Entscheidungsbefugte geben sich als Unterhändler aus, um die Verbindlichkeit auf ein Minimum zu reduzieren und keine Verantwortung übernehmen zu müssen. Die Verantwortung wird auf vermeintlich not-wendige höhere, nicht anwesende Entscheidungsträger geschoben. Meist bleibt man dann als Hoffender in der Warteschleife der nicht-entscheiden-Wollenden hängen.

> **Geben Sie sensible Informationen erst, wenn auch der Verhandlungs-partner die Verbindlichkeit steigert, also Zug um Zug.**

> **Beim Verhandeln kann Schweigen wahrlich „Gold" sein!**

LOYALITÄT

Vorsicht ist dann geboten, wenn sich Verhandlungspartner, die wissentlich nicht entscheidungsbefugt sind, gegen den Entscheidungsträger „verbrüdern": „Wir werden schon gemeinsam eine Lösung finden."; „Ich werde mich für Sie auf die Schienen schmeißen, um .... durchzusetzen."; „Wir müssen zusammenhalten, dann schaffen wir das schon.". Die Frage der Loyalität ist nicht nur eine Frage der Ehre, sondern auch eine Frage des Vertrauens. Wenn sich z.B. Verkäufer mit den Kunden „verbrüdern" und gegen den eigenen Chef stellen, ist das imagemäßig für die Seite der Verkäufer nicht förderlich. Der Käufer hat vielleicht offensichtlich den Vorteil, den Verkäufer auf seiner Seite zu haben. Tatsächlich sind solche Verkäufer aber in der Regel auf Eigennutzen aus. Den Eigennutzen gegen den eigenen Arbeitgeber und auch gegen den Kunden, denn dieser ist oft nur Mittel zum Zweck. So kann kein seriöses Image aufgebaut werden und das ist im Verkauf erfolgsentscheidend!

8.3.5 Rahmenbedingungen

Wie sehen die Rahmenbedingungen für Ihre Verhandlung aus? Diese Rahmenbedingungen sind sowohl aus Ihrer Sicht als auch von der von Ihnen angenommenen Sicht des Verhandlungspartners zu analysieren.

Grad der Aktivität

Der **Grad der Aktivität** bzw. gewollten oder erzwungenen Passivität muss geklärt werden. Es macht z.B. bei einem Bewerbungsgespräch einen großen Unterschied

im Grad der möglichen Aktivität, ob Sie eine Blindbewer-
bung abgeschickt haben oder ob Sie ein Headhunter ab-
werben möchte. Hier geht es um die Fragen

- **Wer will** die Verhandlung? Bin ich Initiator der Ver-
  handlung, will ich die Verhandlung oder der Verhand-
  lungspartner?
- Wer braucht das Ergebnis dringender, wer ist abhän-
  giger vom Ergebnis, von der Lösung des Problems?
- Wer steuert den Verhandlungsprozess, wer gibt Termine, Zeitrahmen, Verhandlungsort und Inhalte der
  Verhandlung vor?
- Der **Zeitplan** einer Verhandlung bzw. einer Serie von
  Verhandlungen kann sehr zugunsten einer Partei bzw.
  zulasten der anderen Partei gestaltet werden.
- Die **Agenda,** falls nur von einer Partei bestimmt, kann
  Themen, die zum eigenen Vorteil sind, mehr Zeit und
  kontroversiellen Themen nur ein sehr kleines Zeitfens-
  ter einräumen.

Meist werden die Rahmenbedingungen aufgrund von
Hierarchie- und/oder Machtsituationen vorgegeben. Es
ist aber auch möglich, dass der **Initiator**, also derjenige,
der die Verhandlung will, die Aktivität zur Gestaltung der
Rahmenbedingungen ergreift. Faktum ist: Einer der Verhandlungspartner muss es einfach tun.

Im Sinne einer guten Beziehungsebene ist es notwendig, dass die Rahmenbedingungen gemeinsam abge-
stimmt und vereinbart werden. Wenn Sie der aktive Ge-
stalter sind, liegt es in Ihren Händen, welche Vorschläge
Sie zu den organisatorischen Themen einbringen. Hier ist
der Faktor Zeit, wann, wie lange und wie oft verhandelt
werden soll, besonders wichtig. Durch Zeitdruck, sei er
absichtlich oder auch unabsichtlich entstanden, wird oft
Macht demonstriert und Entscheidungen werden „erzwungen". Dies schadet der Verhandlungskultur, kann
die Stimmung belasten und dadurch zu suboptimalen
Ergebnissen führen.

TIPP:

Beachten Sie, dass bei jedem Kontakt „Stimmung" gemacht wird. Egal ob persönlich, telefonisch oder schriftlich, ob mit dem Verhandlungspartner direkt oder mit Stellvertretern wie z.B. Assistenten, Sekretären. Die Verhandlungskultur, die Einstellung zueinander, die Beziehung wird bereits hier geprägt.

„Für einen, der nicht weiß, nach welchem Hafen er steuern will, gibt es keinen günstigen Wind".

Überraschend oft verhandeln Menschen ohne klares Ziel.

Ziele stellen die Bedürfnisbefriedigung dar!

Das Verhandlungsklima wird bereits vor dem ersten persönlichen Treffen stark geprägt. Die erste Kontaktaufnahme, bei der Einladung zur Verhandlung oder bei der organisatorischen Abstimmung, z.B. bei der Termin- und Ortsvereinbarung, ist mitbestimmend. Bereits in dieser Vorbereitungsphase gibt es das erste „Beschnuppern" und Sie prägen Ihren ersten Eindruck, der dann förderlich oder hinderlich für den Gesprächsverlauf in der Verhandlung sein kann.

8.4 Zieldefinition und Entwicklung von Szenarien

Schon vor fast 2000 Jahren hat der Philosoph *Seneca* die Bedeutung der Klarheit von Zielen beschrieben: „Für einen, der nicht weiß, nach welchem Hafen er steuern will, gibt es keinen günstigen Wind". Genauso ist es auch mit Verhandlungen. **Ohne** klares **Ziel** ist ein Verhandlungsgespräch **reine Zeitverschwendung** mit negativen Wirkungen. Man kann nicht bekommen, was man will, weil man eben gar nicht genau weiß, was man will. Überdies hinterlassen Sie einen inkompetenten Eindruck beim Verhandlungspartner.

Überraschend oft verhandeln Menschen ohne klares Ziel. Dies führt dazu, dass im Verhandlungsgespräch eine merkbare Unzufriedenheit spürbar ist. Es kann auch sein, dass das Ziel nicht bewusst ist, z.B. jemand vertritt stur seine Meinung und blockiert. Hier steht häufig ein undefiniertes Ziel dahinter, z.B. in den Augen der anderen nicht dumm dazustehen, sich rehabilitieren zu wollen etc.

Bedürfnisse entspringen aus unseren **Motiven**, Ziele stellen die Bedürfnisbefriedigung dar! Aus diesem Grund ist es unbedingt notwendig, die zugrundeliegenden Bedürfnisse zu kennen.

Um ein präzises Lösungsbild zu entwickeln sollten Sie auch die Einschränkungen, die Ängste berücksichtigen. **Ängste** sind entscheidende, meist unbewusste

Mitverhandler – sowohl bei Ihnen als auch bei Ihrem Verhandlungspartner. Die Frage: „Wovor fürchten Sie sich?" kommt vermutlich ziemlich speziell an. Wie aber können Sie die Ängste erfragen? Die Antwort auf die Frage „Was darf unter gar keinen Umständen passieren?" offenbart Ihnen die Ängste, ohne dass Ihr Gegenüber merkt, dass er über Ängste spricht. Probieren Sie es doch einfach aus!

Eine fundierte Analyse der zugrundeliegenden Bedürfnisse und Ängste sind die Basis für Ihre Zieldefinition.

Fragen für die Zieldefinition und Klärung der Bedürfnisse und Ängste:

- Was will ich erreichen? Und warum will ich gerade dieses Ziel erreichen?
- Angenommen ich erreiche mein Ziel, was ist dann anders?
- Woran erkenne ich meine Zielerreichung?
- Welche Möglichkeiten sehe ich, mein Ziel zu erreichen?
- Was darf unter gar keinen Umständen passieren?

Die Antworten auf diese Fragen beschreiben Ihr (realistisches) Lösungsbild.

Wollen Sie noch mehr erreichen, dann kann Steve de Shazer's Wunderfrage helfen. Der berühmte amerikanische Psychotherapeut *Steve de Shazer* hat gemeinsam mit seiner Frau *Isoo Kim Berg* die lösungsorientierte Kurztherapie entwickelt. Diese wirkungsvolle Therapiemethode habe ich kurz vor seinem Tod (2005) in einem Seminar bei ihm erlernen dürfen. Zentrales Thema dieser Kurztherapie ist die „Wunderfrage", die auch genial beim Entwickeln von Zielen und Lösungen bei Verhandlungssituationen hilft. Nachdem Sie vermutlich nicht Therapeut Ihrer Verhandlungspartner werden wollen, habe ich die Frage für Verhandlungssituationen angepasst und vereinfacht.

Ängste erfragen:
„Was darf unter gar keinen Umständen passieren?"

■ TIPP:

Stellen Sie sich immer die Fragen nach Möglichkei**ten**. Schicken Sie Ihrem Gehirn den Auftrag nach Möglichkeiten zu suchen, werden Sie mehrere finden. Fragen Sie jedoch nur nach einer Möglichkeit – werden Sie auch nur eine finden. Je mehr Möglichkeiten Sie entwickeln, desto flexibler und erfolgreicher sind Sie!

realistisches Lösungsbild

Wunderfrage

„Angenommen, es passiert ein Wunder, wie würde Ihre ideale Lösung dieser Verhandlungssituation aussehen? Woran würden Sie (bzw. Ihr Auftraggeber, Ihr Chef etc.) die Lösung erkennen?"

ideales Lösungsbild

Was löst die Frage nach dem Wunder, nach der idealen Lösung aus? Sie umgeht die üblichen Realitäts-Checks, die unser Gehirn automatisch durchführt und daher realistische Lösungsbilder kreiert. Wollen Sie hingegen ideale Lösungsbilder, müssen Sie Ihr Gehirn oder das Ihres Verhandlungspartners einfach danach fragen. Sie werden ja sehen, wie unglaublich kreativ wir alle sein können!

Definieren Sie sowohl Ihr quantitatives Ziel (Zahlen, Daten und Fakten) als auch Ihr Beziehungsziel. Dies ist Basis für die gelungene Strategiewahl.

8.4.1 Quantitatives Ziel

Um ein klares Ziel für das quantitative Ergebnis definieren zu können, brauchen Sie ausreichend Informationen über Vergleichsdaten, Markt- und Brancheninformationen, Preise über Alternativprodukte etc. (Um z.B. einen Preis für ein Haus festsetzen zu können, brauchen Sie aktuelle Marktwerte von vergleichbaren Hausverkäufen, Daten von Maklern, vom Grundbuch, Schätzgutachten etc.)

Für die fundierte quantitative Zieldefinition brauchen Sie die **Ziele je Komponente** des Verhandlungsgegenstands. Diese Vorbereitung ist zeitintensiv und bedarf auch Kreativität.

Der große Nutzen dieser detaillierten Vorbereitung ist vielschichtig. Sie haben intellektuelle Klarheit über Ihre zugrundeliegenden Bedürfnisse, Motive, Sachverhalte und Ziele, Sie haben die emotionale Gewissheit, gut vorbereitet zu sein und Sie hinterlassen beim Verhandlungspartner einen professionellen Eindruck. Sie bleiben immer handlungsfähig, unabhängig davon wie Ihr Verhandlungspartner vorgeht.

Durch diese fundierte Vorbereitung bleiben Sie immer handlungsfähig, unabhängig davon wie Ihr Verhandlungspartner vorgeht.

Bei der Zieldefinition von quantitativen Ergebnissen wird je nach Verhandlungssituation und Rahmenbedingungen auch in **kurzfristige und langfristige Ziele** unterschieden. Es kann sein, dass z.B. zum Markteinstieg, zur Kundengewinnung andere Maßstäbe herangezogen werden als für langfristige Kundenbeziehungen. Beachten Sie dabei jedoch, dass es sehr wohl einen Unterschied macht, wenn bei einem kurzfristigen Ziel mehr Zugeständnisse gemacht werden, als bei einem langfristigen Ziel. Werden diese besonderen Zugeständnisse nicht als solche kommuniziert, spielen Sie mit Ihrer Glaubwürdigkeit, wenn die weiteren Geschäfte zu anderen Konditionen abgerechnet werden. Erhalten Sie als Zielerreichung Ihrer langfristigen Ziele nur Absichtserklärungen für die zukünftigen Geschäfte, kann es sein, dass Sie auf Ihrem vielleicht sogar negativ kalkulierten Einstiegsgeschäft sitzenbleiben. Die Gesamtkalkulation war somit reine Theorie.

8.4.2 Beziehungsziel

Das IRRE®-Verhandeln betrachtet das Thema „Beziehung" auf zwei Ebenen – der Beziehung zum Verhandlungspartner und der Beziehung zu Ihnen selbst.

Oft erscheint die Beziehung zum Verhandlungspartner vorrangig, da sich diese offensichtlich direkt auf das quantitative Ergebnis auswirkt. Die Beziehung zu Ihnen selbst ist mindestens gleichwertig mit der Beziehung zu Ihrem Verhandlungspartner. Kennen Sie das Gefühl, dass Sie sich nach der Verhandlung mächtig ärgern, weil Sie auf die eigenen Ziele verzichtet haben, nur damit die Beziehung zum Verhandlungspartner (scheinbar) nicht belastet wird? Gefühle wie „sich verkauft" zu haben, „sich selbst untreu" geworden zu sein, belasten das Vertrauen zu sich und haben dadurch ebenfalls starken Einfluss auf die quantitativen Ergebnisse zukünftiger Verhandlungen. Es ist wichtig, sich nach

Es ist wichtig, sich nach jeder Verhandlung mit Stolz in den Spiegel schauen zu können. Bleiben Sie sich selbst treu!

jeder Verhandlung mit Stolz in den Spiegel schauen zu können. Bleiben Sie sich selbst treu!

Fragen für die Definition des Beziehungsziels:

■ Wie sieht die Beziehung im Augenblick zu Ihnen selbst aus?

■ Ist diese Beziehung/Stimmung unabhängig vom Verhandlungspartner oder durch ihn geprägt?

■ Wie sieht die Beziehung zu Ihrem Verhandlungspartner aus?

■ Wie soll sie nach der Verhandlung aussehen?

■ Wo sind Ihre emotionalen Grenzen und die Ihres Verhandlungspartners?

■ Wann müssen Sie nein sagen, wann aufstehen und die Verhandlung beenden?

■ Gibt es Tretminen-Themen zwischen dem Verhandlungspartner und Ihnen? Wenn ja, wollen Sie diese vermeiden oder separat klären?

Was, wenn die letzte Verhandlung mit dem Verhandlungspartner schlecht verlaufen und die Beziehung seither angespannt ist? Es kann sein, dass das ausschließliche Ziel einer Verhandlung ist, die Beziehungsebene wieder herzustellen und das sachliche Thema nur der „Aufhänger" dafür ist.

So hat z.B. die Beziehung zwischen Vorgesetztem und Mitarbeiter in einer Gehaltsverhandlung eine große Auswirkung auf das Ergebnis und wiederum der Verhandlungsprozess großen Einfluss auf die zukünftige Beziehung.

Es kann sein, dass Sie den Verhandlungspartner, der zu Ihnen Vertrauen hat, übervorteilt haben und das quantitative Ergebnis „großartig" ist. Der Verhandlungspartner hat es (noch) nicht gemerkt und trotzdem sind Sie unzufrieden, weil die Beziehung zu Ihnen selbst gelitten hat. Sie spüren einen schalen Nachgeschmack. Was tun Sie, wenn der Verhandlungspartner es merkt und die gute Beziehung beendet. Das Vertrauen ist gebrochen, Ihr Ruf angekratzt, vielleicht sogar ruiniert. Es ist große Vorsicht geboten bei Siegen, die auf Kosten der Beziehung gehen.

Vorsicht bei Siegen auf Kosten der Beziehung

8.4.3 Ziel oder Wunsch?

Viele Verhandler glauben Ziele zu haben, die, wenn man sie genauer betrachtet Wünsche sind. Nur wenn Sie klare Ziele haben, können Sie diese auch erreichen! Für die Erfüllung von Wünschen ist das Christkind, ein Wunder oder was auch immer zuständig. Bei Wünschen liegt die Verantwortung der Erfüllung im Außen. Bei Zielen liegt die Verantwortung der Erreichung bei Ihnen selbst. Welche Eigenschaften müssen Ziele haben, damit Sie keine Wünsche bleiben?

Bei Wünschen liegt die Verantwortung der Erfüllung im Außen. Bei Zielen liegt die Verantwortung der Erreichung bei Ihnen selbst.

Ziele müssen **„SMART"** sein. Dies ist eine hilfreiche Regel.

SMART

SMART kommt aus dem Englischen und steht für die Abkürzung von **S**pecific **M**easurable **A**chievable **R**ealistic **T**imely und bedeutet:

Spezifisch: Ziele müssen erkennbar und eindeutig sein.

Messbar: Ziele müssen messbar sein, um den Grad der Zielerreichung zu erkennen.

Attraktiv: Der Gewinn der Zielerreichung muss attraktiv sein.

Realistisch: Ziele müssen ausführbar und erreichbar sein.

Terminiert: Ziele müssen einen festgelegten Endpunkt haben.

Klarheit über die Frage „Woran erkenne ich, dass ich die Ziele ganz oder teilweise erreicht habe?" erhalten Sie gerade über diese Kriterien.

Die Zielformulierung muss noch einem weiteren Kriterium entsprechen: Ziele müssen positiv formuliert sein!

Ziele müssen positiv formuliert sein!

Angenommen Sie formulieren „Ich will nicht mehr in der Abteilung „x" arbeiten." Dann wissen Sie nur, was Sie nicht wollen, Sie wissen aber nicht was Sie wollen.

Noch deutlicher wird das am Beispiel des Reisebüros. Angenommen Sie sind in Wien wohnhaft und gehen ins Reisebüro und sagen: „Ich will weg von Wien!" Sie werden vermutlich mit großen Augen angestarrt und gefragt werden „Und wo wollen Sie hin?" – „Ich weiß es nicht, ich will nur weg von Wien!"

Genauso schwierig und mühsam ist es zu verhandeln, wenn Sie oder Ihr Verhandlungspartner keine klaren, positiv formulierten Ziele haben. Ohne diese völlige Klarheit über Ihre Bedürfnisse und Ziele können Sie die Verhandlung nicht positiv beenden, da Sie nicht wissen, ob Sie schon am Ziel sind oder nicht.

BEISPIEL

Sie werden von Ihrem Vorgesetzten zum Mitarbeitergespräch eingeladen. Sie wollen erreichen, dass Sie nach dem Gespräch besser verdienen. Ist dies schon ein Ziel? Es handelt sich hier wohl um einen Wunsch. Das Verhandlungsziel muss klar sein, sonst wissen Sie nicht, ob Sie Ihr Ziel schon erreicht haben, ein Angebot annehmen und die Verhandlung zufrieden beenden können.

Diesen Wunsch durch die SMART-Regel in ein Ziel zu verwandeln bedeutet für eine Gehaltsverhandlung z.B. Folgendes:

Spezifisch:	z.B. Brutto-Monatsbetrag, Jahresnetto-Einkommen oder Prämie
Messbar:	z.B. Steigerung von x % p.a. auf Basis von ….
Attraktiv:	z.B. dieser Betrag ist attraktiv genug, um dafür zu verhandeln
Realistisch:	z.B. Vergleich mit Konkurrenzanbietern und/oder Kollegen
Terminiert:	z.B. ab wann

Erst diese Klarheit bietet Ihnen die Möglichkeit, **Maßnahmen zur Zielerreichung** zu definieren.

8.4.4 Entwicklung von Alternativen und Szenarien

Wir haben bisher quantitative Ziele definiert und Möglichkeiten der Zielerreichung entwickelt. Was aber, wenn – aus welchem Grund auch immer – dieses definierte Ziel sich im Augenblick nicht verwirklichen lässt? Es ist wichtig, sich bereits vor der Verhandlung darüber Gedanken zu machen, was Sie tun, wenn die Verhandlung scheitert oder zumindest nicht den gewünschten Erfolg zu bringen scheint. Verhandlungspartner wollen sich oft nicht mit „negativen Gedanken" belasten. Frei nach dem Motto: „Wird schon gut gehen. Wenn es schief geht, kann ich mir immer noch nachher Gedanken machen!" Das ist kein positives Denken, das ist naiv. Und Naivität ist beim Verhandeln gefährlich.

Sie haben Ihr Ziel aufgrund der Analyse Ihrer Bedürfnisse, Interessen, Motive, Ängste und aufgrund organisatorischer Rahmenbedingungen definiert. Diese sind auch Basis um Alternativen zu entwickeln.

Alternativen, also ein **guter Plan B (C, D, ...)**, sind notwendig, wenn Sie in die Verhandlung gehen. Besonders, wenn Sie sich beim Verhandeln „aus dem Fenster lehnen" und auf Konfrontationskurs gehen. Nur durch Alternativen wissen Sie zumindest, was Sie tun können, wenn diese Verhandlung scheitert. Ihre Risiken sind dadurch begrenzt, die Chancen hingegen unbegrenzt nach allen Seiten offen! Unabhängigkeit erleichtert das Verhandeln beträchtlich.

Je besser Ihre Alternativen und je weniger Sie auf diese Verhandlung angewiesen sind, desto größer ist Ihre Verhandlungsmacht. Diese Alternativen sollen Sie stets zum Selbstschutz als **Ausstiegsszenario** im Auge behalten.

Naivität ist beim Verhandeln gefährlich.

guter Plan B

Unabhängigkeit erleichtert das Verhandeln beträchtlich.

Alternativen können vielschichtig sein:

■ Was werde/muss ich tun, wenn ich mein Ziel (vorerst) nicht erreiche?

■ Welche alternativen Wege zur Zielerreichung habe ich?

■ Welche anderen Möglichkeiten gibt es, meine Bedürfnisse und Interessen zu befriedigen? Welche alternativen Ziele kann ich definieren?

■ Wie gut/weniger gut/schlecht sind meine Alternativen?

Alternativen schaffen Freiheitsgrade.
Szenarien schaffen Klarheit über Konsequenzen.

Alternativen schaffen Freiheitsgrade. Szenarien schaffen Klarheit über die voraussichtlichen Konsequenzen. Mit Ihrem Wissen durch die fundierte Vorbereitung können Sie Szenarien entwickeln, was im besten Fall und was im schlechtesten Fall passieren kann.

Achtung: Dies sind alles nur Annahmen aus Ihrer heutigen Sicht. Sie haben keine Garantie, dass es nicht sogar noch besser oder womöglich noch schlechter kommen kann. Zumindest aber erhalten Sie einen Eindruck vom **Chancen- bzw. Risikopotenzial** und von der Bedeutung der jeweiligen Verhandlung.

Definieren Sie auch die Schlüsselfaktoren, durch die es zum besten bzw. zum schlechtesten Fall kommen kann. Dadurch können Sie besonders behutsam damit umgehen.

■ Was ist das **Beste**, das passieren kann? Und wodurch?
Dies kann Themenbereiche wie z.B. das quantitative oder beziehungsmäßige Ergebnis, ungeahnte Möglichkeiten oder Rahmenbedingungen betreffen.

■ Was ist das **Schlimmste**, das passieren kann? Und wodurch?
Dies kann Themenbereiche wie z.B. das quantitative oder beziehungsmäßige Ergebnis, das Image, einen Abbruch der Verhandlungen oder ein Nicht-Erscheinen des Verhandlungspartners am Verhandlungstisch betreffen.

Zwischen diesen beiden Extremen gibt es verschiedene **realistische Szenarien**. Dies kann sein, dass anfangs nur Teilziele erreicht und weitere Verhandlungstermine fixiert werden, um das Gesamtziel zu erreichen.

Zum Beispiel erhalten Sie Ihr gewünschtes Einstiegsgehalt im Augenblick nicht – fix wird jedoch zum Ende der Probezeit eine Gehaltserhöhung vereinbart.

8.4.5 Infragestellen der Verhandlung

Nach dieser Informations- und Analysephase haben Sie Ziele, Alternativen und Szenarien entwickelt. Mit diesem fundierten Wissen ist es gut, nochmals die Verhandlung vollkommen in Frage zu stellen. Es kann sein, dass die Szenarien aufgezeigt haben, dass das Drohpotenzial im Verhältnis zu den Chancen sehr hoch ist. Dass Sie vielleicht durch eine Verhandlung schlechter dastehen können als würden Sie gar nicht verhandeln. Oder vielleicht sehen Sie nach diesem Infragestellen, dass doch nicht Sie, sondern vielleicht Ihr Kollege oder Vorgesetzter die Verhandlung führen sollte oder dass es sich nicht um den idealen Verhandlungsgegenstand oder auch Verhandlungspartner handelt.

Drohpotenzial im Verhältnis zu den Chancen

- Bin **ich** der richtige Verhandlungspartner oder soll ein anderer von meiner Verhandlungspartei (z.B. Kollege, Vorgesetzter, Ihre Frau, Ihr Mann, …) verhandeln?
- Verhandle ich über den „richtigen" **Verhandlungsgegenstand** oder gibt es bessere Alternativen um die zugrundeliegenden Bedürfnisse zu befriedigen?
- Verhandle ich mit dem „richtigen" **Verhandlungspartner**? Sind es mehrere Verhandlungspartner und sollen individuelle Vorgespräche zwecks möglicher Koalitionsbildung geführt werden?
- Ist es der richtige **Zeitpunkt** oder soll ich warten? Wenn ja, worauf? Woran erkenne ich den idealen Zeitpunkt?

Entscheiden Sie, wer mit wem wann über welchen Verhandlungsgegenstand verhandelt.

Nach dem Prozess des Infragestellens haben Sie Klarheit, ob Sie verhandeln werden. Wenn ja, entscheiden Sie, wer mit wem wann über welchen Verhandlungsgegenstand verhandelt.

Noch vor dem Verhandlungsgespräch ist es ratsam, gute Ausstiegsszenarien zu haben.

8.4.6 Entwicklung von Ausstiegsszenarien

Teilweise oder vollständige Ausstiegsszenarien *vor* der Verhandlung zu definieren, ist wichtig. Sowohl Sie als auch Ihr Verhandlungspartner sollten stets die Möglichkeit haben, **ohne Gesichtsverlust** den Verhandlungstisch zu verlassen. Sobald der Kampf um Gesichtswahrung eröffnet wird, ist die Logik vergessen und die Verhandlung kann leicht entgleiten. Die Nüchternheit im Abwägen von Alternativen und Szenarien zeichnet professionelle Verhandler aus. Egokriege und Untergriffe hinterlassen emotional verbrannte Erde. Der Brandgeruch bleibt und ist auch in den nächsten Verhandlungen noch spürbar.

Ohne Ausstiegsszenarien könnte leicht der Eindruck entstehen, dass einmal begonnene Verhandlungen auf jeden Fall zu Ende geführt werden müssen. Dies kann zu einem schlechteren Abschluss führen, als hätten Sie die Verhandlung überhaupt nicht begonnen.

8.5 Strategiewahl

Die bisher durchgeführt fundierte Vorbereitung und das Wissen über die Besonderheiten und Auswirkungen der einzelnen Strategien sind Basis für Ihre strategische Entscheidung. Damit Sie zielsicher die passendste Strategie definieren, ist es notwendig, sich auch der persönlichen und situativen Entscheidungsfaktoren bewusst zu werden, die ansonsten unbewusst zu Irritation führen können. Siehe *Kapitel 6. „Verhandlungs-strategien"*.

➡ Kapitel 6.
Verhandlungsstrategien

Persönliche und situative Entscheidungsfaktoren für die Strategiewahl

Ihr „inneres Bild vom Verhandeln", ob es sich dabei um Problemlösen oder Kämpfen und Siegen handelt, bestimmt ausschlaggebend Ihre Strategiewahl mit. Ist z.B. Ihr Bild von Verhandeln „kämpfen und siegen", werden Sie mit großer Wahrscheinlichkeit die Konkurrenzstrategie wählen. Ist es z.B. „leben und leben lassen" werden Sie vermutlich kompromissbereit sein. Wenn Sie harmoniebedürftig sind, werden Sie sich eher anpassen oder Mehr-Wert suchen und nicht auf Konkurrenz gehen. Beachten Sie auch, wenn Sie an Ihr Visavis denken, ob dies eher das Bild eines Verhandlungspartners oder Gegners auslöst.

inneres Bild vom Verhandeln

Die meisten Verhandlungspartner haben eine persönliche Präferenz für eine Strategie. Das ist diejenige, mit der sie die bisher besten und meisten Erfahrungen gemacht haben und die ihrem „inneren Bild vom Verhandeln" am ehesten entspricht. Es ist wichtig, dass Sie Ihre persönliche Präferenz für bestimmte Strategien kennen, denn diese prägt Ihr Image als Verhandlungspartner. Ihnen bereits bekannte Verhandlungspartner können sich daher gut auf Sie und Ihre Strategiewahl einstellen. Und auch Ihnen noch unbekannte Verhandlungspartner können in der Vorbereitung Ihre bevorzugte Verhandlungsstrategie erfragen.

persönliche Präferenz

Besonders prägend sind die individuellen Erfahrungen, die Sie mit dem jeweiligen Verhandlungspartner gemacht haben und das dadurch entwickelte Vertrauensniveau. Besteht eine vertrauensvolle Beziehung, ist die Mehr-Wert-Strategie ideal. Wurde Vertrauen missbraucht, gebrochen, dann wird je nach Macht- bzw. Abhängigkeitsverhältnissen die Konkurrenz-, die Vermeidungs- oder die Anpassungsstrategie gewählt werden.

Vertrauensniveau

persönliche Präferenz Ihres Verhandlungspartners

Bei der Wahl der eigenen Strategie ist auch die zu erwartende persönliche Präferenz Ihres Verhandlungspartners zu berücksichtigen. Wenn zwei „Konkurrenztypen" aneinandergeraten, kann leicht ein Konflikt entstehen. Wenn zwei „Vermeidungstypen" miteinander verhandeln, werden vermutlich unangenehme Punkte nicht oder nur am Rande angesprochen werden.

Rahmenbedingungen

Die Wahl der Strategie ist auch von Rahmenbedingungen abhängig: Steht genügend Zeit zur Verfügung, ist die Stimmung förderlich oder gerade kritisch, gibt es ausreichend Diskretion oder ungewollte Mithörer der Verhandlung?

Fragen zur Strategiewahl:
- Wie wichtig ist mir das **quantitative Ergebnis** in Form von Zahlen, Daten und Fakten? (Result $R_€$)
- Wie wichtig ist mir das **Beziehungsergebnis** (Relationship $R_♥$),
  - ❏ die Beziehung zu meinem Verhandlungspartner und
  - ❏ die Beziehung zu mir selbst?

Wenn Sie alle fünf Strategien beherrschen, dann sind Sie für alle Situationen gewappnet und können stets flexibel agieren und reagieren.

Wenn Sie alle fünf Strategien beherrschen und professionell am Strategieklavier spielen können, dann sind Sie für alle Situationen gewappnet und können stets flexibel agieren und reagieren.

8.6 Planung und Vorbereitung des Verhandlungsgesprächs

Für das Verhandlungsgespräch sollen wichtige Details vorbereitet bzw. vereinbart werden.

8.6.1 Verhandlungsthemen – Agenda

- Was wird verhandelt?
- Wer legt die Tagesordnung fest?

■ Wer bestimmt, welche Themen in welchem Zeitrahmen verhandelt werden?

Es kann ein Zeichen von Machtdemonstration sein, wenn die Tagesordnung von einem Verhandlungspartner diktiert wird.

8.6.2 Klarheit über die Dramaturgie des Gesprächs

■ **Wann** werden Sie welchen Punkt/Themenbereich ansprechen?

■ Wollen Sie nach dem **Smalltalk** die Verhandlungspunkte auf den Tisch bringen oder warten Sie, bis der Verhandlungspartner mit der Verhandlung beginnt?

■ Wollen Sie mit Ihren **Haupt- oder Nebenthemen**, mit einfacheren oder schwierigeren Themen beginnen? (Achtung: Beginnen Sie mit den Knackpunkten ist das ein klarer Hinweis auf Konkurrenzstrategie!)

■ Gibt es konfliktäre Themenbereiche (**Tretminen-Themen**), die Sie meiden oder bewusst separat vor der Verhandlung klären wollen?

■ Welcher **Zeitrahmen** steht gesamt für das Verhandlungsgespräch zur Verfügung?

■ Welches **Zeitbudget** planen Sie für die einzelnen Themenbereiche ein, um auch alle Punkte behandeln zu können?

■ **Wie** wollen Sie agieren (bittend oder fordernd, freundlich oder dominant, ebenbürtig, ...)?

■ Welche **Strategie** wollen Sie für welchen Teil des Verhandlungsgegenstands wählen?

■ Welche **Ausstiegsmöglichkeiten** haben Sie während des Gesprächs?

8.6.3 Verhandlungsteilnehmer

■ Wer ist anwesend?

Vier-Augen- oder Gruppenverhandlung

Es ist wichtig vor der Verhandlung zu wissen, *wer* kommt und vor allem *wie viele* von den einzelnen Verhandlungsparteien kommen werden. Verhandlungen unter vier Augen laufen anders ab als Gruppenverhandlungen. Die Öffentlichkeit steigt, der Diskretionsrahmen sinkt, daher wird es immer kritischer, ob sensible Informationen mitgeteilt werden sollen oder nicht. Um nicht kurzfristig überrascht zu werden, ist es wichtig, dies im Vorfeld zu klären. Näheres dazu im *Kapitel 8.3.2 „Ihr Verhandlungspartner"*.

➡ **Kapitel 8.3.2 „Ihr Verhandlungspartner"**

8.6.4 Verhandlungsort

■ Wo findet die Verhandlung statt?
■ Nützen Sie den Heimvorteil?
■ Treffen Sie sich an einem neutralen Platz oder vielleicht sogar beim Verhandlungspartner?

Heimspiele sind anders als Auswärtsspiele

Es ist wie im Sport, Heimspiele sind anders als Auswärtsspiele. Die Dynamik ist eine andere. Es macht einen Unterschied, ob Sie **Gastgeber oder Gast** sind. Dies hat auch Auswirkungen auf die empfundenen Größenverhältnisse. Gastgeber fühlen sich meist etwas größer, da es ihr Revier ist und Gäste fühlen sich naturgemäß nicht heimisch und daher auch meist etwas kleiner. Es hat auch ganz pragmatische Vor- bzw. Nachteile, wo man sich trifft. Falls Sie den Heimvorteil nützen wollen und die Verhandlung z.B. in Ihrem Büro führen, hat dies den Vorteil, dass Sie sämtliche Unterlagen, Kollegen, Vorgesetzten in der Nähe haben. Es hat aber den Nachteil, dass der „Gast" möglicherweise auch Unterlagen sieht, die er besser nicht sehen sollte. Sie kennen sicher die eigene Betriebsblindheit und wie selektiv man im Gegenzug dazu in fremden Büros Details wahrnimmt. Besser ist es in einem separaten Besprechungszimmer zu verhandeln. Dies bietet den Nutzen des Heimvorteils verbunden mit Ungestörtheit.

Wählen Sie ganz bewusst dem Thema entsprechend den **Diskretionsrahmen**. Eine Gehaltsverhandlung beispielsweise in der Betriebskantine neben Kollegen zu führen, ist unpassend und stört den Verhandlungsverlauf. Bei bestimmten Taktiken wird auch ganz bewusst die Öffentlichkeit gesucht (z.B. Kaffeeautomat am Gang vor dem Chefbüro etc.), um den Entscheidungsdruck zu verstärken. Wählen Sie also ganz bewusst die passende Umgebung für Ihre Verhandlungen.

8.6.5 Verhandlungstermin

- Wann treffen Sie einander?
- Wer vereinbart den Termin?
- Werden die Wünsche aller Verhandlungspartner berücksichtigt oder ist der Termin vorgegeben?

Wie Termine festgesetzt werden ist ein klares Indiz für die bevorstehende Verhandlungskultur. Werden Sie diktiert und vielleicht bewusst zu einem äußerst ungünstigen Termin für den Verhandlungspartner fixiert, kann man sich auf Machtdemonstration während der Verhandlung einstellen. Zeitpunkte äußerst ungünstig für den andern Verhandlungspartner anzusetzen kann unachtsam, aber auch eine indirekte Kampfansage sein.

Zeitpunkte äußerst ungünstig für den andern Verhandlungspartner anzusetzen kann unachtsam, aber auch eine indirekte Kampfansage sein.

8.6.6 Protokoll

- Gibt es ein offizielles Protokoll?
- Wenn ja, wer schreibt es, wer bekommt es?

Derjenige, der das Protokoll verfasst, bestimmt, mit welchen Worten der Sachverhalt dargestellt wird, den Detaillierungsgrad und den Fokus der Niederschrift auf einzelne Punkte. Versuchen Sie die Protokollierung in Ihren Einflussbereich zu bringen. Bieten Sie an das Protokoll zu verfassen und es den Verhandlungspartnern zu übermitteln. Es wird als Höflichkeit und Service empfunden werden und ermöglicht Ihnen, genau zu überlegen, wie Sie das Protokoll formulieren. Übermitteln Sie es umgehend Ihren Verhandlungspartnern und ersuchen Sie um Rückmeldung bzw. Änderungswünsche. Merken Sie an, falls bis zum …(Datum anführen) keine Rückmeldung kommt, gilt das Protokoll als genehmigt. Bei Gruppenverhandlungen bietet es sich an, gemeinsam das Protokoll zu verfassen. Falls möglich, gleich am Laptop mitzuschreiben und mittels Beamer allen Verhandlungspartnern das Mitlesen zu ermöglichen.

Falls ein offizielles Protokoll zu formell erscheint, fassen Sie am Ende der Verhandlung nochmals Ihre Mitschrift zusammen. Nur so können Sie sicherstellen, dass alle Verhandlungspartner das gleiche Bild der Vereinbarung haben.

Nach der Verhandlung die Ergebnisse bzw. Zwischenstände, die letzten Angebote schriftlich zu protokollieren, bringt Klarheit über den Stand der Dinge. Die Erfahrung zeigt, dass beim Niederschreiben des gemeinsam vereinbarten Endergebnisses die Verhandlung oft in eine zweite Runde startet, weil die Vereinbarungen unterschiedlich gesehen werden. Dies noch im Gespräch herauszufinden und klären zu können, hat große Vorteile. Ansonsten wiegt sich jeder Verhandlungspartner in scheinbarer Klarheit und das böse Erwachen kommt erst später.

Für eine weitere gute Zusammenarbeit ist es notwendig, dass es kein „Kleingedrucktes" gibt, das wie ein Bumerang auf Sie zurückfallen könnte.

8.6.7 Sitzordnung

■ Wie ist die Sitzordnung?
■ Gibt es eine offizielle Sitzordnung oder freie Platzwahl?

Wenn Sie Gastgeber sind, können Sie bestimmen, ob es zugewiesene Plätze gibt oder freie Platzwahl. Wer hat die Sonne im Rücken und daher ein natürliches Pokerface, weil man durch die Sonne die Konturen nicht klar erkennen kann? Wem blinzelt die Sonne ins Gesicht und zeigt daher jede kleinste Mimik und Gestik auf?

Es ist für die Stimmung wichtig, dass alle die gleichen Sessel haben. Schreibtischdrehsessel sind üblicherweise höher als herkömmliche Sessel. Sind die Sitzpositionen unterschiedlich, ist Irritation vorprogrammiert. Dieser Unterschied in der Sitzhöhe und in der Drehbeweglichkeit hat Auswirkungen auf die empfundene „innere Augenhöhe". Probieren Sie es einfach aus, wie es auf Sie wirkt, niedriger sitzen zu müssen.

8.6.8 Kleidung

■ Was ziehen Sie an?

Die passende Kleidung zu tragen erspart Irritationen. Es ist gleich unangenehm, ob man „overdressed" oder „underdressed" zu einer Verhandlung erscheint. Auch mit **Statussymbolen** sollten Sie bewusst umgehen. Gehen

Sie davon aus, dass wahrgenommen wird, mit welchem Auto Sie erscheinen. Kommen Sie mit dem Ferrari zu einer Bank, die Ihren Kredit fällig gestellt hat, wird dies möglicherweise Auswirkungen auf die Zugeständnisse haben. Kommen Sie als erfolgreicher Außendienst-Mitarbeiter mit einer „Rostlaube" zum Kunden, wird dies an der Glaubwürdigkeit des „erfolgreichen" Mitarbeiters kratzen. Es sollte alles stimmig sein.

Ob Schmuck, Uhren oder teure Kugelschreiber, all diese Details werden bewusst oder unbewusst wahrgenommen. Achten Sie darauf, dass der Eindruck dem Anlass entsprechend passend ist.

8.7 Das Verhandlungsgespräch

Das Verhandlungsgespräch ist der Höhepunkt des gesamten Verhandlungsprozesses, denn in dieser Phase macht sich die intensive Vorbereitung bezahlt bzw. wird die mangelnde zum Bumerang. Es ist wie die Uraufführung eines Konzerts, auf das man sich lange vorbereitet hat. Die Qualität der Vorbereitung bestimmt die Flexibilität, Kreativität, Zielorientiertheit und Entscheidungsfähigkeit im Verhandlungsgespräch.

Sie können alles bestens vorbereiten und planen und trotzdem kann es anders kommen als gedacht. Die Stimmung kann brechen, die Verhandlung sich verhaken oder die Situation mit „schwierigen" Verhandlungspartnern eskalieren. Gerade für diese Fälle ist es wichtig, Handlungsalternativen parat zu haben.

8.7.1 Unmittelbar vor dem Gespräch

Achten Sie, wenn Sie den Verhandlungsraum betreten, bewusst auf Ihre positive Einstellung, auf Ihr Interesse die Sichtweisen von Ihrem Verhandlungspartner zu erfahren. Freuen Sie sich darauf, die Chance zu haben, Mehr-Wert zu generieren!

TIPP:

Öffnen Sie die Tür zum Verhandlungsraum erst, wenn Sie ebenbürtig über Ihren Verhandlungspartner denken und so mit ihm auf einer Augenhöhe verhandeln können! Empfinden Sie ungleiche Größenverhältnisse (z.B. Sie schrumpfen sich selbst oder befürchten, gleich durch einen „aufgeplusterten" Verhandlungspartner geschrumpft zu werden oder Sie verachten Ihren Verhandlungspartner und blicken auf ihn herab), dann ist ein suboptimales Verhandlungsergebnis, wenn nicht sogar ein Konflikt, vorprogrammiert. Dann geht es ums Ego und nicht um den Verhandlungsgegenstand. Also Zeitverschwendung!

Stellen Sie sich die Frage nach den empfundenen Größenverhältnissen kurz bevor Sie Ihrem Verhandlungspartner gegenübertreten. Es macht einen beachtlichen Unterschied, ob Sie diesem als „Bittsteller" – also kleiner – oder als „Mächtiger" gegenübertreten. Ihre Schritte, der Klang Ihrer Worte, Ihr Händedruck etc. – all dies wird von Ihren inneren Bildern bestimmt. Wenn Sie eine förderliche Verhandlungskultur anstreben, dann ist es äußerst hilfreich, einander in Ebenbürtigkeit gegenüberzutreten.

8.7.2 Beginn des Verhandlungsgesprächs

Der Beginn sollte dem Beziehungsaufbau gewidmet werden. Wir sind erst handlungsfähig, wenn Vertrauen zum Verhandlungspartner aufkeimen kann und wir uns nicht bedroht fühlen. Beachten Sie stets, dass das quantitative Ergebnis ein Resultat aus der Qualität der Beziehung ist.

Beziehungsaufbau

Die Kultur, in die das Gespräch eingebettet ist, wird stark durch den Beginn geprägt. Daher ist es hilfreich, sich im Voraus Gedanken über Smalltalk-Themen zu machen, damit Sie auch gleich zu Beginn die gestaltende Rolle im Gespräch übernehmen können. Überlegen Sie sich doch im Vorhinein Fragen, die Sie stellen können, um Interesse am Verhandlungspartner und am Verhandlungsgegenstand zu zeigen. Fragen zu stellen und hinzuhören ist überaus unterstützend für den notwendigen Vertrauensaufbau. Diese Aufwärmrunde ist eine gute Möglichkeit, Sympathiepunkte zu erwerben, beginnendes Vertrauen aufzubauen und durch die Fragen bereits Informationen zu erhalten, die Sie für kreative Ergebnisse benötigen. Förderlich für den Vertrauensaufbau ist es zusätzlich mit den einfacheren und nicht mit den emotional gefärbten Themen die Verhandlung zu beginnen.

Bei erstmaligen Verhandlungen dauert diese Aufwärmrunde gewöhnlich länger als bei Verhandlungspartnern,
die Sie bereits kennen.

8.7.3 Während des Verhandlungsgesprächs

Der „rote Faden" gibt die angestrebte Linie während des
Gesprächs vor. Um während des Gesprächs den roten
Faden zu behalten, gibt es einige Punkte, die zu beach-
ten sind:

- Umsetzung Ihrer geplanten Dramaturgie
- Achten Sie laufend auf Ihr Zeitbudget, damit Sie alle
  Ihre Themenbereiche behandeln können.
- Unterscheiden Sie Haupt- und Nebenthemen klar, da-
  mit das Gespräch nicht bewusst oder unbewusst auf
  Nebenschauplätze abdriftet.
- Übernehmen Sie die Moderationsrolle in der Verhand-
  lung.
- Betrachten Sie die Verhandlungssituation aus der
  Metaebene.

8.7.4 Mitschrift

**Die Mitschrift ermöglicht
jeden Schritt nachzuvollziehen und Missverständnisse
sachlich aufzuklären.**

Für professionelle Verhandler ist es eine Selbstverständlichkeit, während der Verhandlung mitzuschreiben. Es
ist ein Akt der Höflichkeit, den Verhandlungspartner zu
fragen, ob dies für ihn ok. ist. Diese Mitschrift zeigt Ernsthaftigkeit und ermöglicht Ihnen jeden einzelnen Schritt
nachzuvollziehen und Missverständnisse sachlich aufzuklären. Ohne Mitschrift kommt es leicht zu Unterstellun-
gen, Verunsicherung und dadurch Verärgerung, da jeder
Verhandlungspartner behaupten wird, sich „richtig" zu
erinnern.

➡ **Kapitel 8.6 „Planung
und Vorbereitung des
Verhandlungsgesprächs"**

Die Bedeutung der Protokollierung wurde bereits im
*Kapitel 8.6 „Planung und Vorbereitung des Verhand-
lungsgesprächs"* besprochen.

8.7.5 Emotionale Herausforderungen

Verhandlungen mit besonders „schwierigen Verhandlungspartnern"

Es ist menschlich, dass uns manche Verhandlungspartner enorm fordern, manche uns sogar „den letzten Nerv kosten". Es ist nicht nur menschlich, es ist auch gut so!

Durch diese „schwierigen" Verhandlungspartner lernen wir sehr viel über uns, unsere Verhaltensweisen und über unsere Verhandlungsführung.

Zuerst aber stellt sich die Frage: **„Was macht einen Verhandlungspartner zu einem für Sie „schwierigen" Verhandlungspartner?"**

Diese Frage können nur Sie beantworten. Nehmen Sie sich Zeit und denken Sie an Ihren ganz persönlichen „Lieblings"-Verhandlungspartner.

- Was tut oder unterlässt er, was Sie so besonders nervt/verletzt?
- Was könnte er tun, damit das Gespräch noch schneller und heftiger eskaliert?
- Was würden Sie sich von ihm wünschen, damit es für Sie angenehmer wäre?

Wissenschaftlich ist klar belegt, dass jedes Verhalten auf Wechselwirkungen beruht. Daher ist es hilfreich, den **eigenen Anteil an der schwierigen Situation** zu erkennen, denn es liegt nie ausschließlich nur an Ihrem Verhandlungspartner, wenn Verhandlungen unproduktiv werden oder sogar eskalieren.

Vielleicht sind auch Sie für jemanden ein „schwieriger" Verhandlungspartner. Dann können Sie sich die folgenden Fragen stellen, was Sie „schwierig" macht.

- Welche innere Haltung/welches innere Größenverhältnis fühle ich, wenn ich an diesen Verhandlungspartner denke?
- Welche meiner Verhaltensweisen macht mich für den anderen zu einem schwierigen Partner?

> Wissenschaftlich ist klar belegt, dass jedes Verhalten auf Wechselwirkungen beruht.

■ Was könnte ich tun oder unterlassen, dass die Verhandlung das nächste Mal noch stärker/schneller eskaliert?

So können Sie den eigenen Anteil an der Situation relativ schnell herausfinden und eigene Verhaltensweisen aufzeigen, die Sie vielleicht vorher nicht bewusst wahrgenommen haben. Sie können entscheiden, ob Sie diese „nervenden" Verhaltensweisen einsetzen oder bewusst darauf verzichten wollen.

Verhandlungen mit einem schwierigen Verhandlungspartner haben häufig einen bestimmten rituellen Ablauf. Meist weiß man schon im Voraus oder meint zu wissen, wie das Gespräch verlaufen wird. Im Grunde erwartet man das schon. Bleibt jeder seinen gewohnten Mustern treu, sind solche Gespräche meist gut planbar. Auch wenn das Ergebnis häufig vorhersehbar ist, sind sowohl die Beziehungs- als auch die Ergebnisebene alles andere als zufriedenstellend.

Unterbrechen Sie die eingefahrenen Muster!

Unterbrechen Sie die eingefahrenen Muster, ändern Sie Ihre eigenen Verhaltensweisen und staunen Sie über die Wirkung und die Ergebnisse, die Sie dadurch erzielen können.

Alleine das Bewusstwerden darüber, was Sie über Ihren besonders „schwierigen" Verhandlungspartner denken und was eventuell auch Sie zu einem „schwierigen Verhandlungspartner macht, ist hilfreich bei der Vorbereitung der nächsten Verhandlung. Probieren Sie es doch einfach aus und machen Sie Ihren schwierigsten Verhandlungspartner einfach zu Ihrem „allerbesten Trainingspartner". Freuen Sie sich doch auf das nächste „Training" und überraschen Sie sich selbst. Bei vielen Verhandlern hat alleine das Umdeuten der Bezeichnung auf „allerbester Trainingspartner" viel bewirkt. Sie sind mit mehr Freude und Leichtigkeit in die nächste Verhandlung gegangen und siehe da – sie waren erfolgreich!

allerbesten Trainingspartner

Diese ganz besonders „schwierige, unmögliche Art" Ihres Verhandlungspartners unterstützt Sie in Ihrer persönlichen Weiterentwicklung. Zugegeben, es nicht leicht, „schwierigen" Verhandlungspartnern positiv unterstützende Eigenschaften zuzuschreiben. Aber lernen können Sie von solchen Verhandlungspartnern am meisten, auch wenn es anstrengend und ermüdend ist. Gegenüber dem Verhandlungspartner hilft oft auch schon das Bewusstsein, dass der Schwierige nicht einfach **schwierig ist**, sondern sich in bestimmten Gesprächen **schwierig verhält**. Verhalten kann man ändern, das „Sein" ist eine Konstante. Gerade „Schwierige" können in einem anderen Kontext, z.B. beim Harley Club, im Bienenzüchterverein, bei der Freiwilligen Feuerwehr etc. die umgänglichsten Menschen sein. Also nur zu. Wie können Sie es schaffen, dass er sich auch bei Ihnen ganz umgänglich und verständig zeigt? Was müssten Sie dafür tun/unterlassen, dass die Situation besser wird? Was wird beim Bienenzüchterverein anders sein als in Ihrer Verhandlung? Welche Eigenschaften, Verhaltensweisen, Sichtweisen etc. wird er dort besonders schätzen? Mit welcher inneren Haltung werden ihm die Club-, Vereinskollegen gegenübertreten?

8.7.6 Reflexion der inneren Einstellung während des Verhandlungsgesprächs

Wenn Sie während eines Verhandlungsgesprächs merken, dass sich die Fronten verhärten, Sie sich thematisch im Kreise drehen, Sie einander nicht mehr verstehen (wollen) und die Verhandlung nicht mehr zielführend verläuft – dann halten Sie inne und reflektieren Sie! Je rascher Sie diese negativen Veränderungen bewusst wahrnehmen, desto leichter können Sie (gegen-)steuern und die Zügel in der Hand behalten. Probieren Sie doch einmal spontan in solch einer Situation aus, sich die sechs magischen Fragen zu stellen.

Innehalten und Reflektieren

TIPP:

Bereiten Sie sich gut emotional auf die Verhandlung vor. Beachten Sie die sechs magischen Fragen der emotionalen Klarheit. Achten Sie während der äußeren Verhandlung bewusst auf Ihre innere Verhandlung! Dann können Sie rasch (gegen-)steuern. Ansonsten nehmen die Dinge ihren Lauf und Sie sind ihnen ausgeliefert.

Kennen Sie Gedanken wie: „Jetzt erkläre ich es schon zum dritten Mal, aber will er mich nicht verstehen oder kann er mich nicht verstehen?" „Jetzt will der schon wieder Preisnachlässe, was ist das für ein ..." „Unser Produkt ist nicht konkurrenzfähig. Was will der Chef, zu dem Preis kauft uns das sowieso keiner ab!"

Reflektieren Sie Ihre jeweilige Einstellung während des Gesprächs. Falls Sie beim Innehalten und Reflektieren der sechs magischen Fragen auch nur eine Frage „negativ", nicht wertschätzend beantworten, dann haben Sie höchstwahrscheinlich den Grund für die schwierige Verhandlungssituation gefunden.

8.7.7 Reaktionsmöglichkeiten, wenn die Stimmung gekippt ist

Die Reflexion der inneren Einstellung, der inneren Größenverhältnisse hilft die emotionale Schieflage wieder zu glätten.

Wenn die Stimmung bereits gekippt ist, bedarf es anderer Reaktionsmöglichkeiten.

Sprechen Sie Ihre Sichtweise der **Situation an**. „Ich habe den Eindruck, unser Gespräch verhakt sich an diesem Punkt. Wie sehen Sie die Situation?" Oft entspannt sich die Stimmung schon dadurch, dass man auf der Metaebene über das Gespräch diskutiert.

Machen Sie eine **Verhandlungspause** und lüften Sie durch: „Damit wir wieder zügig an der Lösung weiterarbeiten können, schlage ich vor (ersuche ich), dass wir eine kurze Kaffeepause machen." Auch „menschliche Bedürfnisse nach einer kurzen Pause" sind willkommene Unterbrechungen. Lüften Sie durch, denn frische Luft bringt wieder frischen Wind und Bewegung in die Verhandlung.

Wenn die Stimmung bereits unangenehm gekippt ist, **vertagen** Sie die Verhandlung. „Ich glaube, heute ist nicht unser Tag. Ich schlage vor, um effizient weiterarbeiten zu können, vereinbaren wir einen neuen Termin.“

Wechseln Sie bewusst das Thema. Wenn Sie es schaffen, ein herzliches Lächeln vom Verhandlungspartner zu bekommen, weicht die Verbissenheit und Leichtigkeit kehrt wieder in die Verhandlungsführung.

Fragen Sie sich selbstkritisch:

■ Wollen Sie Ihren Verhandlungspartner überhaupt verstehen?

■ Wollen Sie Ihren Verhandlungspartner „erreichen“ oder ist der „Mauerbau“ für Sie gerade die beste Variante?

Erscheint es Ihnen unrealistisch, Ihre gesteckten Ziele in dieser Situation zu erreichen, versuchen Sie Teilergebnisse zu erzielen und vereinbaren Sie gleich einen weiteren Verhandlungstermin.

8.7.8 Umgang mit Dauerrednern

Was können Sie tun, wenn sich Ihr Verhandlungspartner sehr gerne reden hört bzw. einfach viel zu sagen hat? Ihn zu stoppen, zu unterbrechen, kann die Stimmung belasten.

Verhandeln ist ein Spiel um Information. Daher birgt das überdurchschnittliche Mitteilungsbedürfnis des Dauerredners bei Verhandlungen für ihn Risiken und für Sie Chancen. Der Informationsfluss ist meist sehr einseitig und auch großzügig. Nützen Sie diesen Vorteil, indem Sie den Redeschwall durch Fragen zielgerichtet steuern. So redet der Verhandlungspartner zwar nicht weniger, Sie jedoch erhalten die Informationen, die Sie benötigen, um Mehr-Wert schaffen zu können. Der Verhandlungspartner merkt Ihr Interesse und freut sich, Ihnen Informationen geben zu können.

Steuern Sie den Redeschwall zielgerichtet durch Fragen.

Um die Zügel gut in die Hand zu bekommen, fassen Sie zusammen, ob Sie auch alles richtig verstanden haben. Wenn Sie das Gespräch zu einem Ende bringen wollen, formulieren Sie die Vereinbarung in der Vergangenheit „Wenn ich Sie richtig verstanden habe, haben wir Folgendes vereinbart: …", bedanken sich für das konstruktive Gespräch und kündigen auch gleich die weitere Vorgehensweise an.

8.7.9 Der Abschluss des Verhandlungsgesprächs

Die Verhandlung ist erst dann beendet, wenn alle offenen Punkte ausverhandelt sind und es eine Vereinbarung gibt, die für alle Verhandlungspartner eine stabile Lösung darstellt.

Achten Sie darauf, nicht schon nach den Hauptthemen zu enden oder die erstbeste Lösungsmöglichkeit zu vereinbaren! Es gibt fast immer mehrere Lösungsmöglichkeiten. Suchen Sie die ideale, bestmögliche Lösung!

Suchen Sie die beste, nicht die erstbeste Lösung!

Falls Sie die Verhandlung abgeschlossen haben, schnüren Sie diese Vereinbarung nicht nochmals auf, indem Sie noch Zusatz- oder Sonderthemen nach der Vereinbarung ergänzen wollen. „Was ich noch sagen/fragen wollte: Ich habe leider vergessen ….". Dieses nochmalige Aufschnüren des Pakets führt leicht zu Missstimmung.

Klarheit über die Lösung für alle Beteiligten (kein „Kleingedrucktes" als Bumerang)

Stabile Lösungen haben Nutzen für alle und sind nachhaltig.

Die Lösung ist erst eine Lösung, wenn sie stabil ist und keiner Interesse an Umgehungen hat. Stabile Lösungen haben Nutzen für alle und sind nachhaltig.

Eine effiziente Lösung beinhaltet Zeit, Kosten und Nutzenmaximierung für alle Verhandlungspartner.

Verbale Zusammenfassung: Fassen Sie nochmals Ihr Verständnis über die Vereinbarung zusammen, damit Sie mit Ihrem Verhandlungspartner die Sichtweisen abgleichen können.

Protokollierung gibt beiden Verhandlungspartnern Klarheit über den Verhandlungszwischenstand bzw. über die Lösung und hält diesen schriftlich fest.

8.8 Reflexion des Verhandlungsgesprächs

Durch Reflexion des Verhandlungsprozesses können Sie aus jeder erfolgreichen oder weniger erfolgreichen Verhandlungssituation lernen und sich dadurch weiterentwickeln. Die Reflexion beschäftigt sich mit allen Schritten des Verhandlungsprozesses und bietet so die Chance zur ständigen Optimierung Ihrer zukünftigen Verhandlungen:

Um den ständigen Lernprozess zu strukturieren, habe ich die umfassende Checkliste der Vorbereitung und Reflexion des Verhandlungsprozesses entwickelt. Diese finden Sie im Anhang.

8.9 Zusammenfassung der Tipps für ein erfolgreiches Verhandlungsgespräch

- ■ Haben Sie **ehrliches Interesse** an Ihrem Verhandlungspartner, an seinen Bedürfnissen, Interessen und Ängsten.
- ■ **Respekt**ieren Sie die Sichtweisen Ihres Verhandlungspartners. Sie brauchen die Sichtweisen nicht zu akzeptieren, nur zu respektieren.
- ■ Fundierte Vorbereitung und Klarheit über Ihre **Ziele** gibt Ihnen Sicherheit und Flexibilität während der Verhandlung, dadurch können Sie stets den roten Faden behalten.
- ■ Bereiten Sie im Vorfeld **Fragen** vor, deren Antwort Sie brauchen, um gemeinsam stabile Mehr-Wert-Lösungen entwickeln zu können.
- ■ Stellen Sie viele Fragen und schweigen Sie, bis Sie die Antwort bekommen. Nur so brauchen Sie selbst keine Antworten zu geben.
- ■ Achten Sie auf eine angenehme **Atmosphäre** (z.B. helle angenehme Räumlichkeiten, Getränke und ev.

TIPP:

Ist Ihr Ziel die stetige Verbesserung und wollen Sie auch gewohnte, jedoch hinderliche Verhaltensmuster unterbrechen, erlauben Sie sich „Ehrenrunden". Denn Sie werden durchaus in alte Verhaltensweisen verfallen. Gehen Sie liebevoll mit sich und Ihren Ressourcen um, damit das Lernen und Weiterverbessern zur Freude und nicht zur defizitorientierten Qual wird.

➡ Kapitel 11.2. „IRRE – ausführliche Vorbereitung und Reflexion"

Snacks, keine Unterbrechungen durch Telefonanrufe etc.).

■ Achten Sie stets auf die **„inneren Größenverhältnisse".** Verhandeln Sie ebenbürtig – auf gleicher Augenhöhe.

■ Seien Sie **aufrichtig und ehrlich**, aber nicht naiv! Steigern Sie den Verbindlichkeitsgrad der Informationen nur auf Gegenseitigkeit.

■ Achten Sie auf eine positive, verständliche **Sprache.**

■ Achten Sie darauf, Ihren Verhandlungspartner zu „erreichen" und keine „argumentativen Selbstgespräche zu führen (Fragen statt Argumentieren!).

■ Erkennen Sie achtsam Anzeichen von beginnendem **„Mauerbau".**

■ **Vertrauen** erfordert verantwortungsvollen Umgang mit diesem Vertrauen (Ehrlichkeit, Anstand und Handschlagqualität).

■ Beginnen Sie mit „einfacheren" und nicht emotional gefärbten Themen – dies fördert den Vertrauensaufbau. Verhandeln Sie **sensible Themen** erst, wenn die Vertrauensebene dies erlaubt und ein diskreter Rahmen vorhanden ist.

■ Falls Sie nicht mehr weiterwissen, schweigen Sie. Ihr Verhandlungspartner unterbricht mit Sicherheit bereits nach wenigen Sekunden das Schweigen.

■ Die hohe Kunst der Verhandlung ist die Achtsamkeit beim Verhandlungspartner und die auf die eigene „innere" Verhandlung und dabei klar die Ziele vor Augen zu behalten.

■ Sprechen Sie **Tretminen-Themen** ausschließlich bewusst im passenden Rahmen an, nie irrtümlich.

■ Reflektieren Sie Ihre **Emotionen und Gefühle:** Was löst etwas in Ihnen aus und warum?

■ Die Verhandlung ist erst dann beendet, wenn alle offenen Punkte ausverhandelt sind. **Suchen Sie die beste Lösung, nicht die erstbeste.**

■ Klarheit über die Lösung für alle Beteiligten (kein „Kleingedrucktes" als Bumerang)

■ **Stabile Lösungen** bringen allen Seiten hohen Nutzen
und keiner hat Interesse, die Vereinbarung zu umgehen.

■ **Protokollierung** gibt beiden Verhandlungspartnern
Klarheit über den Verhandlungszwischenstand bzw.
die Lösung.

9. PREIS- UND WERT-VERHANDLUNGEN

Preis-Verhandlungen zählen zu den wichtigsten, intellektuell sehr anspruchsvollen und für viele Menschen unangenehmsten Verhandlungssituationen.

Preis-Verhandlungen sind vermeintlich rein logische Angelegenheiten.

Preis-Verhandlungen sind vermeintlich rein logische Angelegenheiten. Die Logik, die Analyse, die fundierte Vorbereitung sind Grundvoraussetzung. Sich Gedanken über Preisvorstellung, Abbruchpunkt und Verhandlungsspielraum zu machen, ist selbstverständlich.

Falls es sich um einen Verhandlungsgegenstand handelt, bei dem Sie keine oder wenig Erfahrung haben, ist Teil dieser Vorbereitung, von Experten Rat einzuholen bzw. Menschen zu befragen, die Ihnen helfen können. Falls Sie über Erfahrung verfügen, ist es trotzdem notwendig, sich über aktuelle Konkurrenzangebote, Marktpreise, Neuerungen etc. zu erkundigen, um am aktuellsten Stand zu sein. Nur, wenn Sie ausreichend Information im Verhandlungsgespräch haben, können gute Entscheidungen unmittelbar getroffen werden.

Preis-Verhandlungen sind meist von Konkurrenzgedanken geprägt.

Bei Preis-Verhandlungen – wie bei allen anderen Verhandlungen – geht es auch um die emotionale Vorbereitung. Die Phase der Preisverhandlung ist meist von Konkurrenzgedanken geprägt. Dadurch ist sie die härteste, kämpferischste, emotionalste und dadurch unkreativste Phase im ganzen Verhandlungsprozess. Es wird beim Thema Geld sehr viel gelogen, übertrieben, verfälscht und irregeführt mit dem Ziel dadurch selbst besser auszusteigen. Besonders beim Preis wird Ehrlichkeit von vielen mit Naivität gleichgesetzt. Im *Kapitel 2. „Spannungsfeld Intellekt vs. Emotion (Personenebene)"* habe ich beschrieben, welche Auswirkungen es auf unseren Intellekt hat, wenn wir uns ärgern, zornig und

➡ Kapitel 2. „Spannungsfeld Intellekt vs. Emotion (Personenebene)"

angespannt sind, sich unser Pulsschlag erhöht, unser Denkhirn „offline" geht. Unser Horizont verengt sich zum Tunnelblick, Kampf statt Lösungssuche ist im Fokus. Wenn all dies der Fall ist, bleiben die vielen Möglichkeiten ungenützt. Um in dieser höchst angespannten, anstrengenden Phase Gelassenheit und Denkvermögen zu bewahren, brauchen wir Klarheit, beste Vorbereitung und fundiertes Wissen über taktische Möglichkeiten in der Preis-Verhandlung.

Ziel ist, einen Preis zu verhandeln, der von beiden Seiten akzeptiert und respektiert wird. Also einen Preis, der für jede Seite wertvoll ist. Dieser Wert ist höchst individuell und subjektiv und wird vom wahrgenommenen Nutzen bestimmt.

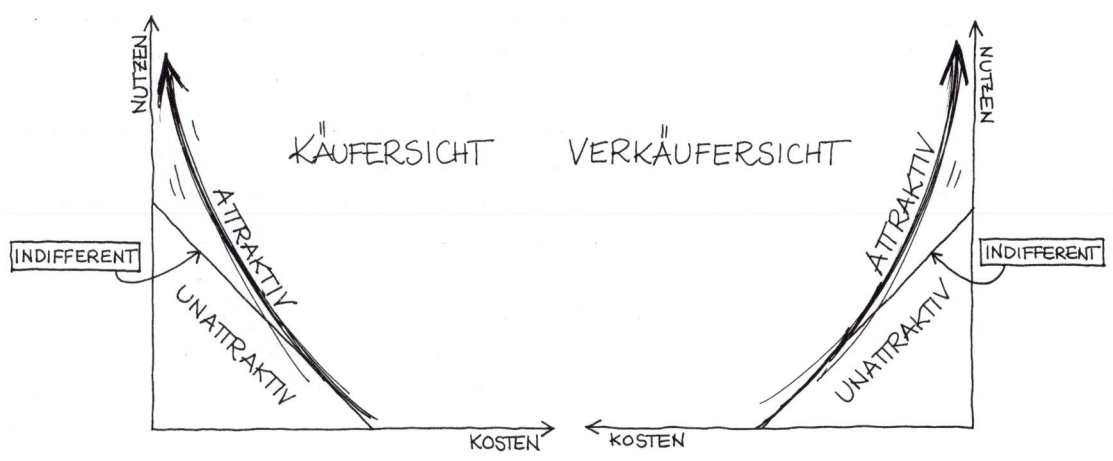

Aus diesem Grund unterscheide ich in

- Preis-Verhandlungen und
- Wert-Verhandlungen

Bei **Preis-Verhandlungen** wird ausschließlich um den Preis verhandelt, dadurch verschlechtert sich für zumindest eine Seite der *Wert*, die Kurve wird flacher, das Geschäft dadurch unattraktiver.

➡ Kapitel 7. „Mehr-Wert schaffen durch Nutzen maximieren"

Bei **Wert-Verhandlungen** verhandeln beide Verhandlungspartner zuerst darüber, was Nutzen stiftet und anschließend um die Bewertung, die Preisfindung. Ausführlich wurde dies im *Kapitel 7. „Mehr-Wert schaffen durch Nutzen maximieren"* beschrieben.

9.1 Preis-Verhandlungen

Bei Preis-Verhandlungen gibt es viele taktische, meist konkurrenzorientierte, Vorgehensweisen. Im Gegensatz zu Wert-Verhandlungen wird hier ausschließlich um den Preis, nicht um den Nutzen verhandelt.

Es wird ausschließlich um den Preis, nicht um den Nutzen verhandelt.

Die **Gedankengänge** sind meist:
- Wie kann ich meinen Preis durchsetzen?
- Wie kann ich den Verhandlungspartner über den Tisch ziehen, ohne dass er es merkt?
- Wie weit kann ich den Preis ausreizen, ohne die Beziehung dauerhaft zu schädigen?

Diese Konkurrenzgedanken verursachen oft Stress und Angst, was unseren Intellekt stark einschränkt! Und das gerade, wenn wir blitzschnell und klar denken sollten!

Wert vernichtet

Wenn es ausschließlich um den Preis geht, wird bei der Preis-Verhandlung Wert vernichtet, da einer oder jeder von seiner Vorstellung abweicht, um zu einer Lösung zu kommen. Die Attraktivität der Ergebnisse leidet, da die Nutzen-Preis-Relation sinkt.

In vielen Preis-Verhandlungen haben die Verhandlungsparteien unterschiedliche Ausgangssituationen. Im Extremfall wird der Preis aufgrund einer Macht- bzw. Monopolsituation von einem der Verhandlungspartner diktiert und notgedrungen von der anderen Seite „akzeptiert". Diese instabilen Lösungen führen zu phantasievollen Umgehungsversuchen. Viele hegen dann den Wunsch, sich bei der erstbesten Gelegenheit zu rächen und sich zurückzuholen, was Ihnen scheinbar „gehört".

9.1.1 Wer nennt den ersten Preis?

Den ersten Preis zu nennen oder eben nicht, muss reiflich überlegt werden. Denn sobald der erste Preis genannt wird, ist eine Marke gesetzt, der Anker geworfen.

Danach kann nur noch in kleinen Schritten rund um diese Marke verhandelt werden. Große Abweichungen vom genannten Preis sind nur noch mit Gesichtsverlust möglich. Denn z.B. „Da habe ich mich doch getäuscht, ich habe XY gemeint ..." wirkt nicht kompetent. Daher gilt die Grundregel: Nennen Sie nie den ersten Preis, außer Sie wollen ganz bewusst einen Anker setzen!

Besteht aber dadurch nicht die Gefahr, dass Ihr Verhandlungspartner den Anker setzt und Sie dadurch im Nachteil sind? Nein, denn es gibt gute **Reaktionsmöglichkeiten.** Falls Ihr Verhandlungspartner einen für Sie inakzeptablen Preis nennt, können Sie völlig gelassen reagieren. Mit diesen oder ähnlichen Statements erfahren Sie alle Details, die Sie benötigen und Sie liefern Ihrem Verhandlungspartner gleich ein Szenario für Veränderungen mit. So kann für beide Seiten unter Gesichtswahrung weiter verhandelt werden.

Nennen Sie nie den ersten Preis, außer Sie wollen ganz bewusst einen Anker setzen!

- „Ich bin irritiert über diesen Preis. Ich bin in der Vorbereitung auf ganz andere Beträge gekommen. Ich möchte nur verstehen, wie Sie auf diesen Preis gekommen sind. Bitte geben Sie mir kurz Einblick in die zugrunde liegenden Kriterien." Oder
- „Ich bin irritiert, da ich keineswegs mit einer derartigen Vorstellung gerechnet habe.", „Wie setzt sich dieser Preis zusammen?" oder
- „Welche Kriterien haben Sie berücksichtigt?"

Sie sollten daher den ersten Preis nur nennen, wenn Sie ganz bewusst einen Anker werfen und diesen auch nicht mehr verändern wollen. Z.B.: Sie möchten eine Antiquität zu einem bestimmten Preis verkaufen, darunter verhandeln Sie gar nicht. Dann ist es sinnvoll, den Preis möglichst bald zu nennen, um sich Zeit mit Interessenten zu sparen, die weniger zahlen wollen. Aber beachten Sie: Ein schlecht gesetzter Anker führt leicht ins Out. Es ist schwer, wieder den Anschluss zu finden, wenn der Betrag nicht als angemessen erscheint. Man verwickelt sich leicht in einen argumentativen „Wirrwarr". Falls der Gesprächspartner schlecht vorbereitet ist, kann ein extrem niedriger bzw. extrem hoher Wert seine Wirkung erzielen. Berücksichtigen Sie jedoch unbedingt die Wirkung auf die Verhandlungskultur und Ihr Verhandlungsimage, wenn Sie versuchen, solche Situationen auszunützen!

Ein schlecht gesetzter Anker führt leicht ins Out.

9.1.2 Mein allerletztes Angebot

Genauso riskant wie die Nennung des ersten Preises sind Aussagen wie „Das ist mein allerletztes Angebot, mein letzter Preis". Damit setzen Sie ebenfalls einen Anker. Falls Sie bewusst die Konkurrenzstrategie gewählt haben und Sie bei der Verhandlung bei Ihrem Abbruchpunkt angelangt sind, dann stellt dies eine Möglichkeit dar. Aber eben nur dann. Sie dokumentieren, dass Ihnen die Beziehung zum Verhandlungspartner unwichtig ist. Der Weg zurück wird schwierig.

Falls Ihr Verhandlungspartner Ihrem allerletzten Angebot zustimmt, dann hat die konkurrenzorientierte Taktik funktioniert. Falls Ihr Verhandlungspartner jedoch nicht darauf einsteigt, vielleicht seinen „letzten Preis" nennt, dann befinden Sie sich inmitten einer Pattsituation. Derjenige, der „umfällt", um doch zu einer Verhandlungslösung zu kommen, erleidet Gesichtsverlust und wirkt unglaubwürdig. Zukünftige Drohungen werden ihre Wirkung verlieren.

9.1.3 Wirkung von Rabatten

Lassen Sie das nachfolgende Beispiel auf sich wirken. Welches Image wird durch diese Vorgehensweise geprägt? Welche Auswirkungen hat diese Vorgehensweise auf den Verhandlungspartner?

BEISPIEL:

Stellen Sie sich vor, Sie sind seit Jahren treuer Kunde einer Autowerkstätte. Ihr Auto ist defekt und braucht dringend technische Ersatzteile im Wert von 2.000 Euro. Das erscheint Ihnen sehr teuer. Zum ersten Mal verhandeln Sie mit der Werkstätte Ihres Vertrauens und fordern Rabatt: Der Mechaniker-Meister meint nach längerem Hin und Her: „Na ja, weil Sie es sind, bekommen Sie es um 1.000 Euro". Wie wirkt dieses Angebot auf Sie?

Freuen Sie sich bei diesem Angebot, dass Sie so ein guter Verhandler sind oder sind Sie verunsichert und gehen zur nächsten Werkstätte, weil Sie glauben, der Mechaniker-Meister will Sie täuschen (z.B. Sie bekommen keine Originalteile etc.)? Sie werden sich vermutlich fragen, ob der Preis zuerst gerechtfertigt war, ob der Preis jetzt angemessen oder noch immer überzogen ist und natürlich, ob bei beiden Angeboten die gleiche Leistung geboten wird. Vielleicht ärgern Sie sich auch darüber, dass Sie nicht schon bei den früheren Werkstattbesuchen verhandelt haben, sondern auf die Ehrlichkeit des Mechaniker-Meisters vertrauten.

Jeder überdurchschnittliche, nachträgliche Preisnachlass wirkt unseriös, kratzt am Image, verunsichert und belastet das Vertrauen. Der Ruf von überzogenen Preisen eilt bei der nächsten Verhandlung voraus. Dadurch fordern die Verhandlungspartner noch höhere Preisnachlässe. Dies löst eine Spirale von übertriebenen Preisangeboten und untertriebenen Gegenangeboten aus. Wenn Sie knapp kalkulieren, Seriosität und Ernsthaftigkeit vermitteln wollen, schaden Ihnen große Rabatte. Denn das **Gesetz der Wirtschaftlichkeit** erfordert, dass jeder Rabatt zuerst einkalkuliert werden muss.

Jeder überdurchschnittliche, nachträgliche Preisnachlass wirkt unseriös, kratzt am Image, verunsichert und belastet das Vertrauen.

Rabatte sind leider üblich. Sie sind unkreativ und bedeuten, dass man entweder zu einem nicht mehr wirtschaftlichen Preis zustimmt oder dass man vorher den Verhandlungspartner über den Tisch ziehen wollte und den Rabatt mit eingerechnet hat. In diesem Fall ist es ein Spiel mit definierten Spielregeln, das zeitintensiv ist.

Wenn Sie sich den Ruf aufbauen, faire, (fast) nicht mehr verhandelbare Preise zu haben, werden Ihre Kunden akzeptieren, wenn Ihnen das Spiel der Preis-Verhandlung erspart bleibt. Sie werden erwarten, auch beim ersten Angebot „gute" Preise geboten zu bekommen.

9.1.4 Das Treffen in der Mitte

Verhandeln Sie Preisvorstellung gegen Preisvorstellung, ergibt sich rasch eine Pattsituation und keiner will abweichen. Gesichtsverlust droht. Oft treffen sich dann die „vernünftigen" Verhandlungspartner in der Mitte.

Angenommen, A will maximal € 100,– bezahlen und B fordert mindestens € 200,–. Wo werden sich die beiden Verhandlungspartner treffen? Beim Teilen der Differenz trifft man sich € 150,–. Aber ist das wirklich die faire Lösung?

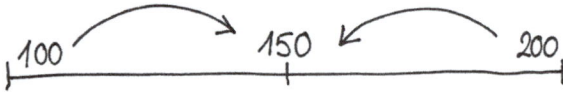

Betrachtet man es im Nominale, gibt jeder € 50,– nach. Betrachtet man es aber prozentuell, wird dieser scheinbar „faire" Preis zu einer ziemlichen Schieflage. Bei dieser Mitte steigt der Verkäufer besser aus, daher nenne ich sie **Verkäufermitte**.

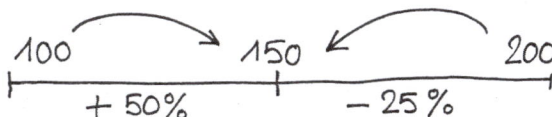

A erhöht den Preis, den er zahlen will, um 50 Prozent. B braucht allerdings nur 25 Prozent nachgeben? Ob das gerecht ist, müssen Sie für sich entscheiden. Sämtliche Produktkalkulationen, Deckungsbeitragsrechnung etc. laufen auf Prozentbasis, insofern ist es eigenartig, dass bei der Preis-Verhandlung meist auf Nominale gewechselt wird.

Welcher Preis wäre prozentuell für beide Verhandlungspartner der Preis in der Mitte?

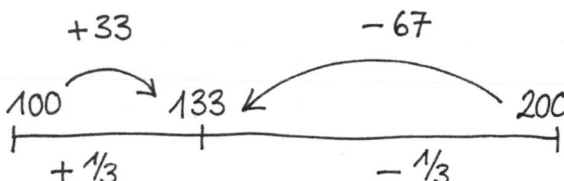

Der Preis in der prozentuellen Mitte ist € 133,–. Also jeder weicht um ein Drittel von seiner ursprünglichen Forderung ab.

Sie können sicher sein, dass dieser Denkansatz, € 133,– als Mitte von € 100,– und € 200,– zu sehen, Irritation auslöst. Diese Mitte ist die **Einkäufermitte**.

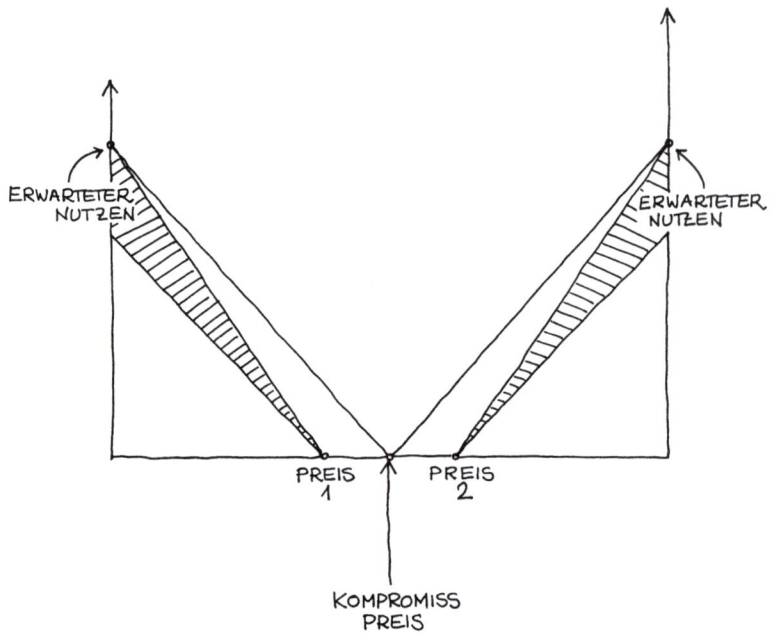

Kompromisslösungen vernichten Wert, die Kurve verflacht für beide und die Lösung wird unattraktiver.

Diese Grafik zeigt deutlich, dass beim Kompromiss – also beim Treffen in der Mitte – Wert vernichtet wird. Der Nutzen der beiden Verhandlungspartner bleibt gleich, die Kosten erhöhen sich, bzw. die Einnahmen reduzieren sich. Die Kurve verflacht und das bedeutet, dass die Verhandlungslösung für beide Verhandlungspartner unattraktiver wird.

9.1.5 Verhandlungsspielraum festlegen

Der Verhandlungsspielraum besteht aus folgenden Punkten:

Ausgangspunkt: Ihr erstes Angebot an die andere Partei (oder Preisschild etc.)

Zielpunkt: Ihr beabsichtigtes/erhofftes Ergebnis (kann mit dem Ausgangspunkt ident sein)

Abbruchpunkt = Limit = point of no return: Stellt das absolute Maximum dar, das Sie als Käufer zu zahlen bereit sind bzw. das absolute Minimum, das Sie als Verkäufer noch akzeptieren.

Der **Verhandlungsspielraum** wird üblicherweise mit Zahlen in Verbindung gebracht. Als Abbruchpunkt können auch Verhaltensweisen, Vorgehensweisen definiert werden, bei denen Sie nicht mehr gewillt sind zu verhandeln und den Verhandlungstisch verlassen. Eine Verhandlung abzubrechen ist ein deutliches Zeichen mit großen Auswirkungen. Beachten Sie, dass ein Abbruch meist auch ein beziehungsmäßiges „Aus" bedeutet, und es schwer ist, wieder an den Verhandlungstisch zurückzukehren.

Eine Verhandlung abzubrechen ist ein deutliches Zeichen mit großen Auswirkungen.

Wo die einzelnen Punkte platziert werden, ist von verschiedenen Faktoren abhängig:
- Ihrer gewählten Strategie, Ihrem persönlichen Verhandlungsstil, Ihrem Image
- Ihrem persönlichen Interesse, der Notwendigkeit und Dringlichkeit des Ergebnisses
- Marktsituation, Vergleichspreise
- Alternativen (siehe dazu *Kapitel 8. „Der Verhandlungsprozess")*

➡ Kapitel 8. „Der Verhandlungsprozess"

- Ihrer Erfahrung mit Verhandlungen über diesen Verhandlungsgegenstand bzw. mit diesem Verhandlungspartner
- dem angenommenem Ausgangspunkt Ihres Verhandlungspartners
- Abhängigkeitsverhältnis zum Verhandlungspartner, Machtverhältnisse
- Einschätzung der eigenen Person und der des Verhandlungspartners

Der **Vorteil des Limits (Abbruchpunkts)** ist, dass dieser Sie davor bewahren soll, durch die Verhandlung schlechter auszusteigen als ohne Verhandlung. Definieren Sie den Abbruchpunkt unbedingt im Vorhinein, damit Sie nicht der Dynamik des Verhandlungsgesprächs und dem Versteigerungs- oder Casino-Effekt zum Opfer fallen. Sowohl bei Versteigerungen als auch im Casino ändern sich die Preise immer nur um einen bestimmten Prozentsatz. Dieses stets „nur ein bisschen" kann am Ende der Abrechnung fatal ausgehen. Der „Rausch" der Verhandlung, der Interaktion, des Spiels macht benommen und verhüllt die nüchterne Realität.

Falls Sie nur ein **Gesamtlimit** definieren, kann dies den Nachteil haben, dass Sie dadurch unflexibel werden. Denn das Limit ist in diesem Fall definiert für eine bestimmte Leistung. Ergeben sich durch die Verhandlung und den Abtausch der Leistungsbestandteile neue Situationen, hält Sie das Limit möglicherweise davon ab, eine Entscheidung zu treffen, die gut wäre.

In der Konkurrenzstrategie wird hart über den Preis gefeilscht.

Wenn Sie oder Ihr Verhandlungspartner die Konkurrenzstrategie wählen, dann sind diese Punkte von besonders großer Bedeutung. In der Konkurrenzstrategie wird hart über den Preis gefeilscht. Eine der konkurrenzorientierten Taktiken ist es, übertrieben hohe Forderungen zu stellen bzw. extrem niedrige, fast lächerliche Angebote zu legen. Damit soll der Verhandlungspartner eingeschüchtert, irritiert und ein betraglicher Anker gesetzt werden. Ausgangspunkt, Zielpunkt und Abbruchpunkt liegen aufgrund der übertriebenen Forderungen weit auseinander.

Beachten Sie auch die Wirkung auf Ihr Image, wenn Sie die andere Partei wie eine „Zitrone ausquetschen" oder bis zu Ihrem Abbruchpunkt „treiben". Diese Verhaltensweise kann auf lange Sicht teuer kommen, da sich die andere Partei bei der ersten Möglichkeit rächen wird.

Wenn man Machtpositionen ausnützt oder einfach knallhart verhandelt, ist Rache süß. Es kommt immer wieder vor, dass Sie dann bei ev. Reparaturen oder sonstigen Nacharbeiten keine Kulanzlösung bekommen, da sich so der Verkäufer zurückholt, was er vorher „verloren" hat.

In langfristigen Geschäftsbeziehungen kann nur das Prinzip „Leben und Leben lassen" funktionieren, denn keiner will langfristig Geschäftsbeziehungen mit Geschäftspartnern, die man selbst in den Ruin treibt.

Wollen Sie **Mehr-Wert-orientiert** verhandeln, bedenken Sie, dass sich Ziel- und Abbruchpunkt und damit Ihr Verhandlungsspielraum durch Informationsgewinn verändern können. Mehr-Wert-orientiert betrachten Sie alles in Nutzendimensionen. Daher bleiben Sie stets flexibel. Wird Zusatznutzen kreiert, der Wert erhöht, dann sind Sie auch bereit, dafür mehr zu bezahlen. Da die Mehr-Wert-Strategie eine solide Vertrauensbasis benötigt, wird mit ehrlichen Werten verhandelt. Daher liegen Ausgangs- und Zielpunkt nah beisammen. Die Abbruchpunkte werden meist nicht ausgelotet, da dies das aufgebaute Vertrauen belasten würde. Aufgrund des maximierten Nutzens sind die Ergebnisse stets wertvoller.

TIPP:

Es ist gut, sich in Konkurrenzsituationen einen kleinen Spielraum zu lassen, denn viele Verhandlungspartner wollen oder müssen z.B. durch Vorgesetzte „Gewinne" erzielen und brauchen zumindest geringe Entgegenkommen.

9.2 Wert-Verhandlungen

Wert-Verhandlungen gehen davon aus, dass Verhandlungslösungen nur stabil sind, wenn das Ergebnis für alle Verhandlungspartner wertvoll ist.

Ziel ist durch Erhöhung des Nutzens oder durch Adaptierung der Leistungsbestandteile die unterschiedlichen Preisvorstellungen vollständig oder großteils auszugleichen.

Die **Zahlungsbereitschaft** wird vom individuell wahrgenommenen Nutzen bestimmt. Daher ist es Ziel, den Nutzen zu maximieren!

Ziel ist durch Erhöhung des Nutzens oder durch Adaptierung der Leistungsbestandteile die unterschiedlichen Preisvorstellungen vollständig oder großteils auszugleichen.

Die Zahlungsbereitschaft wird vom individuell wahrgenommenen Nutzen bestimmt.

9.2.1 Vom Preis zum Nutzen

Bei **Preis-Verhandlungen** geht man davon aus, für einen fixen Verhandlungsgegenstand um Preise zu feilschen. Bei **Wert-Verhandlungen** wird angenommen, dass der Verhandlungsgegenstand in Leistungs-bestandteile aufgesplittet werden kann. Diese stiften unterschiedlichen Nutzen und werden daher auch von jedem Verhandlungspartner unterschiedlich bewertet, bepreist. Um die unterschiedlichen preislichen Vorstel-lungen zu hinterfragen, ist der Abgleich, ob beide Ver-handlungspartner den gleichen Nutzen wahrnehmen, wesentlich.

Angebotener, wahrgenommener und erwarteter Nutzen

Sie können unmöglich wissen, was für Ihren Verhand-lungspartner tatsächlich Nutzen stiftet und was er sich erwartet! Dieser Abgleich der subjektiven Nutzen der beiden Verhandlungspartner kann nur durch Fragen und Zuhören erfolgen.

Es ist wesentlich zwischen angebotenem, wahrge-nommenem und erwartetem Nutzen zu unterscheiden.

Es gibt folgende Ausprägungen:

- Der **angebotene Nutzen** wird vom Verhandlungs-partner **nicht benötigt**.
  - ❏ Kann die Leistung diesbezüglich angepasst wer-den (Leistungsbestandteile werden reduziert)?
  - ❏ Kann dadurch der Preis reduziert und die Lücke ganz oder teilweise geschlossen werden?
- Der **angebotene Nutzen** wird vom Verhandlungs-partner **nicht wahrgenommen,** würde jedoch Nut-zen stiften und dadurch die Zahlungsbereitschaft er-höhen.
  - ❏ Wie kann ich den Verhandlungspartner durch Fra-gen hinführen, diesen Nutzen wahrzunehmen?
  - ❏ Welche Bedürfnisse meines Verhandlungspartners könnten durch meinen angebotenen Nutzen befrie-digt werden?
  - ❏ Wie schaffe ich es, dadurch seine Zahlungsbereit-schaft zu erhöhen?

- Hat mein Verhandlungspartner einen **erwarteten Nutzen,** der jedoch **nicht angeboten** wird?
  - ❏ Durch welche Fragen kann ich die Erwartungen meines Verhandlungspartners herausfinden?
  - ❏ Welche Möglichkeiten gibt es, diesen erwarteten aber nicht angebotenen Nutzen zu erfüllen?
  - ❏ Wie würde die Erfüllung des erwarteten Nutzens die Zahlungsbereitschaft verändern?

Nur durch dieses Hinterfragen erfahren Sie, was wirklich Nutzen stiftet. Dadurch können Sie das optimale individuelle Leistungspaket kreieren.

9.2.2 Vorgehensweise

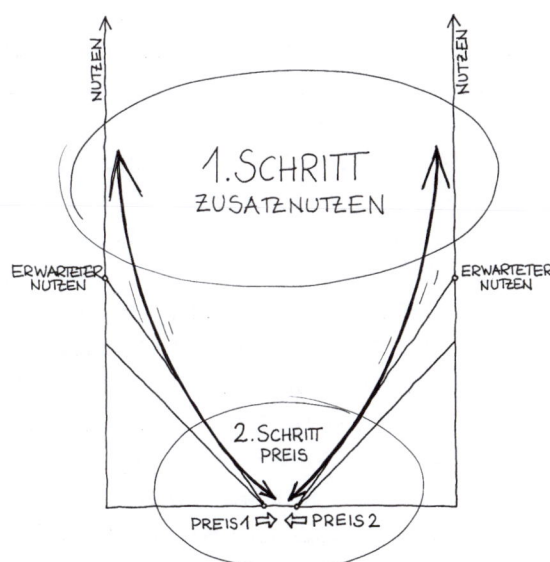

Diese Vorgehensweise wurde detailliert in *Kapitel 7. „Mehr-Wert schaffen durch Nutzen maximieren"* beschrieben.

➡ Kapitel 7. „Mehr-Wert schaffen durch Nutzen maximieren"

Hier finden Sie eine kurze Zusammenfassung:

Wie die Grafik zeigt, ist der **1. Schritt**, Nutzen für beide Seiten zu maximieren.

Je mehr Zusatznutzen geschaffen wird, also je attraktiver die gemeinsam entwickelte Verhandlungslösung ist, desto stärker reduziert sich die preisliche Lücke, da sich die Zahlungsbereitschaft erhöht. Werden Leistungsbestandteile, die keinen Nutzen stiften, aus dem Angebot gestrichen, ändert sich die Kostenkomponente ebenfalls. Beides führt zur preislichen Annäherung.

Verbleiben unterschiedliche preisliche Vorstellungen der beiden Verhandlungspartner, dann folgt der **2. Schritt** – die Preis-Verhandlung auf Ebene der Leistungsbestandteile. Der wesentliche Vorteil, Leistungsbestandteile anstatt des gesamten Verhandlungsgegenstands preislich zu verhandeln, liegt darin, dass Sie bei Nennung der einzelnen Preisvorstellungen keinen Gesamt-Anker setzen und dadurch flexibel bleiben. Die Gefahr des Gesichtsverlusts wird minimiert, Sie verhandeln risikofreier. Sie können die verbleibende Lücke schließen, indem Sie Tipps aus *Kapitel 9.1 „Preis-Verhandlungen"* wie z.B. sich jedes Entgegenkommen abkaufen zu lassen, anwenden.

Die Automobilbranche wendet äußerst professionell dieses Modell an. Sie splittet den Verhandlungsgegenstand in viele Leistungsbestandteile und fasst dann manche wieder zu spezifischen Paketen (z.B. Business-Paket, Licht-Paket, etc.) zusammen. Der Hauptleistungsbestandteil ist das relativ günstige Basismodell. Dieses erfüllt den Zweck und bringt jeden von A nach B. Doch jetzt beginnt der Teil des individuellen Nutzenmaximierens, bei dem jeder Käufer seinen individuellen Neuwagen „zusammen stellt". Welche angebotenen Zusatzleistungen bieten dem potentiellen Käufer mehr Nutzen als sie kosten? Welche schaffen Mehr-Wert? So maximiert jeder Käufer den individuellen Gesamtnutzen und erhöht dadurch seine Zahlungsbereitschaft. Erst dann beginnt der 2. Schritt, die Preis-Verhandlung.

➡ Kapitel 9.1
„Preis-Verhandlungen"

■ TIPP:

Treffen Sie bedingte und keine fixen Zusagen zu einzelnen Leistungsbestandteilen! Zusagen für einzelne Teile sind immer vorbehaltlich einer Einigung über das Gesamtpaket! Z.B. „Unter den bisherigen Voraussetzungen haben wir uns auf xy geeinigt." oder „Vorläufig …"„Angenommen, Sie splitten z.B. die Gehaltsverhandlung in Gehalt, Dienstauto, Weiterbildung etc. auf und einigen sich verbindlich beim Gehalt. Dann haben Sie keine Möglichkeit mehr, diesen Punkt aufzuschnüren, wenn es beim Dienstauto keine Einigung gibt. Sie würden mit Ihrer Glaubwürdigkeit spielen und Gesichtsverlust erleiden. Zusätzliches Risiko beim „verbindlichen Zusagen" der einzelnen Punkte ist, dass am Schluss nur noch ein Verhandlungspunkt übrig bleibt. Dann haben Sie nichts mehr zum Abtauschen und steuern daher zielgerichtet auf Konkurrenzstrategie zu. Fixe Vereinbarungen gibt es erst, wenn **alle** Punkte verhandelt sind und das Gesamtpaket vereinbart wird!

9.2.3 Das Schließen der verbleibenden Lücke

Wie können Sie eine – trotz Nutzenmaximierung oder Leistungsanpassung – verbleibende preisliche Lücke zwischen dem geforderten Preis des Verkäufers und der angebotenen Preisbereitschaft des Käufers schließen?

Lassen Sie sich jedes Entgegenkommen abkaufen! Z.B. „Bei einer Fixabnahme von 30 anstatt 10 Stück in den nächsten drei Monaten kann ich Ihnen auf € x,– entgegen kommen." Oder: „Bei Selbstabholung und Pauschalabnahme ist ein Preis von € x,– möglich". Es gibt fast unendlich viele Möglichkeiten von Entgegenkommen: Weiterempfehlungen, Exklusivitätsverträge, Mindestabnahmemengen, veränderte Lieferzeiträume, andere Verpackungseinheiten, Anteil an Eigenleistung, PR-Maßnahmen etc.

Betrachten Sie also immer die zugrundeliegenden Kosten bzw. Produktionsabläufe. Dann ist es kein „Schachern", sondern ein kreativer Prozess, einen bestmöglichen Preis schaffen. Ein Geben und Nehmen!

Einige Ideen:
- Besteht die Möglichkeit einen Teil der Leistung selbst zu erbringen/beizustellen und dadurch den Aufwand des Leistungserbringers zu reduzieren?
- Können Sie Fristigkeiten verändern?
- Gibt es Dritte, die von diesem Projekt, von diesem Verhandlungsgegenstand Nutzen haben können und dafür bereit sind mitzuzahlen?
- Gibt es Förderstellen, die dieses Projekt fördern?
- Gibt es die Möglichkeit von Kooperationen, um die Kosten für den einzelnen niedriger zu halten?

9.3 Gehaltsverhandlung – Beispiel

> **BEISPIEL**
>
> Am Beispiel einer Gehaltsverhandlung lässt sich die Aufsplittung in Leistungsbestandteile und anschließende Bewertung anschaulich darstellen. Selbstverständlich sind die Gedankengänge des Mitarbeiters, welchen Nutzen er dem Unternehmen stiftet und welchen Nutzen das Unternehmen für den Mitarbeiter – abseits der finanziellen Komponenten – stiftet, maßgeblich. Für das Finden einer finanziellen Lösung sind die folgenden Schritte zielführend.
>
> Der erste Schritt ist das **„Aufsplitten" in** die einzelnen **Leistungsbestandteile**. Bei einer Bewerbung oder einer Gehaltsverhandlung geht es nicht nur um das „offensichtliche" Gehalt, es geht um viele Teilbereiche, die in Summe die Gegenleistung für die Arbeitsleistung darstellen. Diese Leistungsbestandteile könnten sein:
> Jahresbruttogehalt, Prämien (abhängig von z.B. Umsatz, Deckungsbeitrag; Gruppenprämien, Einzelprämien, …), Weiterbildungsmaßnahmen, Zusatzleistungen und diverse freiwillige Sozialleistungen wie Essensmarken, Zusatzversicherung, Fahrtkostenvergütung, Dienstauto, Dienstwohnung, Arbeitszeiteinteilung (z.B. flexible Arbeitszeit, Möglichkeit von „Home-Office"), Betriebskindergarten etc. Auch qualitative Anreize wie Karriereplanung, Image des Arbeitgebers etc. können monetär „bewertet" werden.
>
> All diese Leistungsbestandteile zusammen ergeben ein Mosaikbild, das einem quantitativen Ergebnis, einer Summe entspricht. Während der Verhandlung können weitere Mosaiksteinchen durch Ihren Verhandlungspartner dazukommen, andere ersetzen oder manche gewünschten Steinchen von Ihnen gestrichen werden. Damit Sie während der Verhandlung wissen, ob die Verhandlungssituation in die gewünschte Richtung geht, müssen Sie diese Steinchen ständig als wichtig bzw. unwichtig einreihen und monetär bewerten/einschätzen.
>
> Der zweite Schritt ist die Einteilung in **Haupt- und Nebenthemen** (HT bzw. NT). Was davon ist Ihnen besonders wichtig, was weniger wichtig? Was bringt Ihnen mehr Nutzen, was weniger? Und warum?
>
> Der dritte Schritt ist die **Informationseinholung** über die einzelnen Leistungsbestandteile. Dabei holen Sie Vergleichswerte von Kollegen bzw. Konkurrenzanbietern ein, fragen nach Expertenmeinungen etc.

Leistungsbestandteile	Bewerber		Personalberater	
	Bewertung	HT / NT	Bewertung	HT / NT
quantitative Leistungsbestandteile (pro Jahr)				
Jahresgehalt brutto	€ 42.000,00	HT	€ 35.000,00	HT
Prämie p.a.	€ 4.000,00	HT	€ 3.000,00	NT
Dienstauto	€ 6.000,00	HT	€ 6.000,00	NT
freiwillige Sozialleistungen		NT	€ 500,00	NT
Betriebspension		NT	€ 1.500,00	NT
Diensthandy		NT	€ 400,00	NT
Zusatzversicherung		NT	€ 900,00	NT
Weiterbildungsmaßnahmen		NT	€ 2.500,00	NT
	€ 52.000,00		€ 49.800,00	
qualitative Leistungsbestandteile				
Karriereplanung		HT		NT
Image des Arbeitgebers		HT		NT

Wie diese Tabelle als Beispiel zeigt, sind der Personalberater und der Bewerber bei Gehalt und Prämie gesamt fast 20% voneinander entfernt. Durch das Erweitern der Komponenten des Verhandlungsgegenstands schließen sie die Lücke beinahe vollständig und nur eine Differenz von 4 % bleibt. Die Bewertungen von Haupt- und Nebenthemen ist in einigen Punkten unterschiedlich. Diese Unterschiedlichkeit ist die Basis für das Schaffen von Mehr-Wert.

9.4 Taktische Tipps für Preis- und Wert-Verhandlungen

- ❏ Splitten Sie den Verhandlungsgegenstand in einzelne **Leistungsbestandteile** auf.
- ❏ Was davon bringt Ihnen hohen, was wenig oder keinen **Nutzen**?
- ❏ Schnüren Sie thematische **Pakete,** anstatt Punkt für Punkt zu verhandeln. Definieren Sie, welche Themen für Sie zusammenpassen (z.B. Jahres-Grundgehalt und Prämien; Dienstort und Fahrtkostenvergütung bzw. Dienstauto etc.).
- ❏ Treffen Sie vorläufige, **bedingte und keine fixen Zusagen für einzelne Leistungsbestandteile** (siehe Tipp im Kapitel 9.2.2).
- ❏ Bewahren Sie den **Blick fürs Ganze**!
- ❏ **Beginnen Sie mit unkritischen Themen**, da Vertrauen erst aufgebaut werden muss. Fangen Sie hingegen mit Knackpunkten an (z.B. Grundgehalt), dann weist dies auf Konkurrenzstrategie hin.
- ❏ Denken Sie in **„sowohl – als auch"** und nicht in „entweder – oder". Dies bestimmt, ob gegeneinander oder miteinander verhandelt wird.
- ❏ **Schreiben Sie mit**, um den Überblick zu behalten und die Ernsthaftigkeit der Verhandlung zu dokumentieren.
- ❏ **Rechnen Sie mit**: Falls um Prozentsätze verhandelt wird, rechnen Sie auch die Nominalbeträge aus. Oft verhandelt man Prozentsatz gegen Prozentsatz und verliert den Absolutbetrag aus den Augen oder man vermiest die Stimmung wegen Peanuts.
- ❏ **Fassen Sie die** Vereinbarung mündlich und auch schriftlich **zusammen**, sodass zum Abschluss der Verhandlung alle Verhandlungspartner das gleiche Verständnis über die Vereinbarung haben.

9.5 Emotionale Tipps für Preis-Verhandlungen – Das *Wie* der Preisnennung

Preis-Verhandlungen sind meist der spannendste Teil der Verhandlung. Der Teil mit der höchsten Konzentration, den meisten Lügen, den ausgefeiltesten Taktiken.

Der Teil, bei dem unsere inneren Verhandlungen auf Hochtouren laufen und unsere Einstellung, unsere Gedanken durch unsere Körpersprache, unseren Tonfall und unsere Wortwahl das Ergebnis maßgeblich mitbestimmen.

Der gleiche Preis, in der Haltung eines Bittstellers zaghaft und fragend gesprochen, hat eine ganz andere Wirkung, als der gleiche Preis in der Haltung des Dominanten, des Fordernden ausgedrückt. Probieren Sie es einfach aus – Sie werden verblüfft sein.

Überprüfen Sie Ihre **innere Einstellung zum Thema Preis –** *bevor* Sie in die Verhandlung gehen?

Die magischen sechs Fragen der emotionalen Klarheit helfen auch hier (siehe *Kapitel 3.3 „Analyse Ihrer „inneren" Größenverhältnisse")*.

➡ Kapitel 3.3 „Analyse Ihrer „inneren" Größenverhältnisse").

Ergänzen Sie diese um folgende **Fragestellungen**:

- ■ Was denke ich über den Preis? Halte ich ihn für angemessen, preiswert, überzogen, marktkonform, konkurrenzfähig, nicht konkurrenzfähig, …?
- ■ Wie genau kenne ich die Facetten, den Nutzen meines Verhandlungsgegenstands/Produkts (auch im Vergleich zum Mitbewerb)?
- ■ Wie überzeugt bin ich vom Verhandlungsgegenstand, meinen Forderungen, meinen Vorstellungen etc.?
- ■ Stehe ich hinter meinem Unternehmen? Bin ich stolz auf meine/unsere Leistungen?

■ **TIPP:**

Es ist ein absolut erfolgsrelevanter Faktor, sich in der Vorbereitung über das *„Wie"* Sie etwas sagen, Gedanken zu machen! Sprechen Sie Ihre preislichen Forderungen in der Vorbereitung laut aus.

Sprechen Sie Ihre Forderungen, die Beträge aus, als wären sie das Normalste im Leben, als handle es sich um etwas ganz Selbstverständliches. Also im gleichen Tempo, in der gleichen Lautstärke, im gleichen Tonfall wie ihre „allgemeinen Themen". Denn falls Sie unsicher oder vom Preis nicht überzeugt sind (ihn für z.B. nicht gerechtfertigt, überhöht, zu knapp kalkuliert empfinden), sprechen Sie automatisch bei Knackpunkten „auffällig". Sie werden sehr wahrscheinlich schneller, machen Pausen, bevor

Sie den Betrag nennen oder ändern die Lautstärke oder das Sprechtempo. Falls Sie zwischen mehreren Beträgen hin und her überlegen, welchen Betrag Sie nennen sollen, werden Sie sehr wahrscheinlich auch mit dem Kopf hin und her wiegen. Damit machen Sie sichtbar auf den Verhandlungsspielraum aufmerksam. Machen Sie nach der Preisnennung sprechtechnisch einen Punkt. Senken Sie die Stimme. Die meisten Verhandler erhöhen den Tonfall, machen also ein stimmliches Fragezeichen. Dadurch merkt der Verhandlungspartner deutlich die Unsicherheit. Achten Sie auf eigene Unsicherheitshandlungen: Lächeln, durch die Haare streichen, sich am Unterarm oder den (imaginären) Bart streicheln. All dies sind Anzeichen von Verlegenheit und eine klare Botschaft für den Verhandlungspartner, dass preislich „noch was geht"!

All diese Verhaltensweisen sind Signale für den Verhandlungspartner, genau hinzuhören und zu hinterfragen. Sprechen Sie diese wesentlichen Sätze, die Preise, die Knackpunkte in Ihrer Vorbereitung laut aus. Nützen Sie die Autofahrt zum Verhandlungstermin, die Zeit im Lift, was auch immer, Sie brauchen nur wenige Sekunden, um dies zu üben. „Ich bin bereit XY zu bezahlen.", „Meine Berechnungen ergeben XY.", „Ich verrechne pro übersetzter Seite XY." **Wenn Sie den Preis für das Normalste im Leben halten, sprechen Sie ihn auch aus wie das Normalste im Leben.** Dann ist die Preisnennung ausschließlich Information. Strahlen Sie auch nur einen Hauch Unsicherheit aus, dann ist Ihre Preisnennung die Einladung zur Preis-Verhandlung.

> Preisnennung ist ausschließlich Information

Wenn Sie den Preis nennen, sehen Sie unbedingt Ihrem Gesprächspartner in die Augen, um die Reaktion beobachten zu können. Diese Reaktion ist die wichtigste Information, die Sie erhalten können. Verkrümeln Sie sich stattdessen in Ihre Unterlagen oder machen gerade zu diesem Zeitpunkt Notizen, bleibt diese wichtige Chance der Informationsgewinnung ungenützt.

10. KOMMUNIKATION

Kommunikation ist ein Mysterium, das sehr oft zu Missverständnissen, Konflikten oder Meinungsverschiedenheiten führt.

Kommunikation ist ein Mysterium, das sehr oft zu Missverständnissen, Konflikten oder Meinungsverschiedenheiten führt. Kommunikation ist aber auch die Basis für gelungene Verhandlungen. Darum ist es notwendig, diesem Mysterium auf den Grund zu gehen. Der Themenkomplex „Kommunikation" ist naturgemäß sehr umfassend. Daher beschränke ich mich ganz bewusst auf einige wenige Bereiche, mit dem praxisgerechten Fokus auf Verhandeln.

10.1 Wie wirklich ist unsere Wirklichkeit?

Wie funktioniert Kommunikation? Warum gibt es so viele Missverständnisse und Konflikte? Gibt es eine Wahrheit, eine Wirklichkeit und richtig und falsch?

Dieses Kapitel gibt ein Blitzlicht über Grundbegriffe und theoretische Modelle, die diese Fragen klären.

10.1.1 Regelkreis der Kommunikation

Verhandlungen scheitern meist an Missverständnissen, an Vorurteilen und an negativen Einstellungen. Um Kommunikation besser verstehen zu können, ist es wichtig, den komplexen Vorgang in Einzelteile zu zerlegen. Durch dieses detaillierte Betrachten können wir unsere „innere Verhandlung" besser verstehen und beeinflussen lernen. Dies ermöglicht, das Verhandlungsgespräch bestmöglich zu steuern und Konflikte und Missverständnisse zu verhindern.

komplexen Vorgang in Einzelteile zu zerlegen

Die weltberühmte Familientherapeutin *Virginia Satir* hat das Modell der vollständigen Kommunikation entwickelt. An dieses Modell angelehnt habe ich den „Regelkreis der

Kommunikation" abgeleitet und für Verhandlungszwecke adaptiert. Dieser Regelkreis zeigt, dass wir Dinge von außen selektiv wahrnehmen, anschließend durch unser höchstpersönliches Werte- und Normen-Raster schicken und interpretieren. Jede Interpretation hat Auswirkungen auf unseren Selbstwert und löst Emotionen aus, die uns stärken oder schwächen können. Dies wiederum löst einen spontanen Handlungsimpuls aus, der jedoch nicht mit der gesetzten Handlung ident sein muss. Unser Korrektiv überprüft unsere Handlungsimpulse auf Auswirkungen. Erst dann entscheiden wir, ob wir unserem spontanen Handlungsimpuls folgen oder doch lieber eine andere Handlung setzen. Diese Handlung wird dann von unserem Verhandlungspartner als unsere Reaktion wahrgenommen.

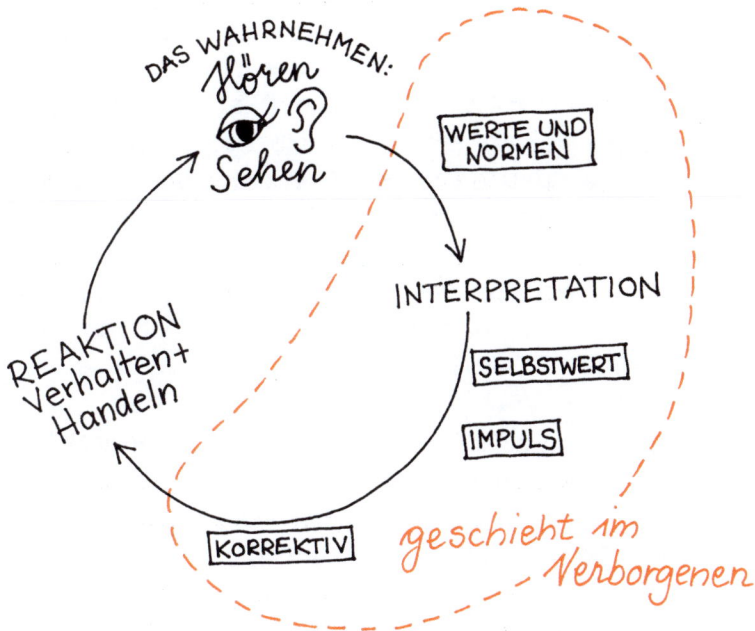

Anhand dieses Schaubilds des „Regelkreises der Kommunikation" erkläre ich nun die einzelnen Begriffe und stelle die Zusammenhänge dar.

Wahrnehmung

Jede Kommunikation beginnt mit Wahrnehmung. Jeder erlebt „die" Welt durch seine Sinnesorgane und Nervenzellen und damit als sein eigenes Abbild, das er sich erschafft. Wir nehmen Lichtwellen im Auge wahr, jedoch sehen wir nicht im Auge. Wir nehmen Schallwellen im Ohr wahr, jedoch hören wir nicht im Ohr. Unsere Sensoren erfassen diese Signale und geben sie über die Nervenzellen an das Gehirn, unsere zentrale Recheneinheit, weiter. Schon im Begriff *Wahr*nehmung steckt ein wichtiger Aspekt: „*Wahr*". Jeder Mensch richtet seinen Scheinwerfer der Wahrnehmung auf jene Aspekte, die ihm relevant erscheinen und die er daher sehen und hören möchte. Folgendes Beispiel macht dies deutlich: Sie sind stolz auf Ihr neues Haus und laden Freunde zur Housewarming-Party. Ihre Freunde werden je nach ihren beruflichen oder privaten Interessen auf unterschiedliche Details achten. Anne, die Designerin, Franz, der Elektriker, Xenia, die Innenarchitektin und Fridolin, der Gartenarchitekt, Brigitte, die Hausfrau, Peter, der High-Tech-Freak – sie alle nehmen unterschiedliche Dinge wahr, weil Ihnen eben verschiedene Dinge wichtig sein werden. Wir agieren wie eine Kamera, die nur einen Ausschnitt filmt, diesen verkleinert oder vergrößert und ganz bewusst auf Dinge fokussiert. Wir merken nicht, was wir übersehen und überhören! Diese sehr unterschiedlich wahrgenommenen Signale werden in unserem Gehirn durch unsere individuellen Erfahrungen, Werte und Normen gefiltert, bewertet und interpretiert.

**Wir agieren wie eine Kamera, die nur einen Ausschnitt filmt, diesen verkleinert oder vergrößert und ganz bewusst auf Dinge fokussiert.
Wir merken nicht, was wir übersehen und überhören!**

Werte & Normen und Interpretation

unsere inneren Gesetze und Regeln

Unser persönliches Werte- und Normen-System, unsere inneren Gesetze und Regeln, wurden durch Sozialisation geformt und prägen unser ganzes Leben. Meist sind uns diese Gesetze nicht bewusst. Aufgrund dieser entscheiden wir jedoch, was richtig und falsch ist, was gut und böse ist, was wichtig und unwichtig ist, was sich gehört oder eben nicht gehört. Sie sind für uns fix und sehr schwer abänderbar. Unsere selektive Wahrnehmung wird vor dem Hintergrund dieser Werte und Normen bewertet, gedeutet und entsprechend unserer Erfahrungen, Vorstellungen und Erwartungen interpretiert und formt unsere ganz persönliche Wirklichkeit.

Es gibt keine absolute objektive Wirklichkeit, sondern unendlich viele subjektive Wirklichkeiten – eben Wirklichkeiten, die jeder Mensch für sich selbst kreiert. *Sonja Radatz* schreibt in ihrem Buch „Beratung ohne Ratschlag": „Die objektive Wirklichkeit gibt es nicht – sie entsteht im Auge des Betrachters." Der Konstruktivismus sieht die Wirklichkeit nicht als etwas „Gefundenes", sondern als etwas „Erfundenes", wobei sich der Erfinder seiner Erfindung nicht bewusst ist, sondern sie als etwas von ihm Unabhängiges, Objektives zu entdecken vermeint.

Wie reagieren Sie, wenn Sie eine Verhaltensweise Ihres Verhandlungspartners wahrnehmen, die so gar nicht zu Ihren inneren Gesetzen passt? Werden Sie wütend oder bleiben Sie sachlich? Ignorieren oder respektieren Sie dieses Verhalten? Bleiben Sie ebenbürtig oder beginnen Sie auf Ihren Verhandlungspartner herabzusehen?

> Es gibt keine absolute objektive Wirklichkeit, sondern unendlich viele subjektive Wirklichkeiten – eben Wirklichkeiten, die jeder Mensch für sich selbst kreiert.

Gefühle, Selbstwert, Impuls und Reaktion

Ob Wahrnehmungen positive oder negative Gefühle in Ihnen auslösen, ist abhängig von Ihrer Interpretation und hat unmittelbar Auswirkungen auf Ihren Selbstwert. Fühlen Sie sich gestärkt, akzeptiert und respektiert oder geschwächt, angegriffen, nicht ernst genommen von dem, was Sie wahrnehmen und interpretieren. Die Gefühle und die Auswirkungen auf den Selbstwert lösen einen spontanen Handlungsimpuls aus. Dieser Handlungsimpuls (meist Flucht, Angriff oder Totstellen) wird durch eine der sieben Grundemotionen gesteuert. Tun Sie in solchen Situationen immer das, was Sie spontan tun möchten? In der Regel tun wir dies nicht. Denn dieser Handlungsimpuls wird von Ihrem Korrektiv auf soziale Verträglichkeit und Konsequenzen dieses spontanen Handelns „überprüft". Gedankenblitze wie: „Zahlt es sich aus, wenn ich die Verhandlung abbreche?" „Ist mir xy wert, dass ich deshalb ....?", kommen Ihnen vielleicht bekannt vor. Innerhalb von Sekundenbruchteilen laufen Wahrnehmung, Bewertungen, Interpretationen, Selbstwertveränderungen und Korrekturmaßnahmen ab. Erst dann setzen Sie Ihre Handlung, die dann von Ihrem Verhandlungspartner wahrgenommen werden kann.

Ihre gesetzte Handlung bzw. Reaktion ist nur eine von vielen Möglichkeiten.

Wichtig ist das Verständnis, dass Ihre gesetzte Handlung bzw. Reaktion nur eine von vielen Möglichkeiten ist.

Ein Beispiel: Ihr Verhandlungspartner, ein bedeutsamer Stammkunde, fordert einen Preis, der 35 % unter Ihrem Angebot liegt. Zusätzlich setzt er ein zeitliches Ultimatum, sonst kauft er bei der Konkurrenz. Diese Situation wird jeder unterschiedlich interpretieren. Daher gibt es unendlich viele Reaktionsmöglichkeiten. Hier drei Beispiele:

1. Reaktionsmöglichkeit: Sie interpretieren dieses Verhalten als skrupellos, niederträchtig und verachten Ihren Verhandlungspartner. „Halsabschneidertaktiken" gehören sich einfach nicht! Sie sind enttäuscht, blicken auf ihn herab. Ihr Selbstwert erhöht sich, denn so etwas lassen Sie sich einfach nicht gefallen. Sie fühlen sich „anständiger" als Ihr Verhandlungspartner. Sie empfinden Wut.

2. Reaktionsmöglichkeit: Sie sind verunsichert, bekommen Angst, schrumpfen sich selbst. Sie fühlen sich unterlegen und ihr Selbstwert wandert in den Keller. Sie bitten den Kunden, doch Ihrem Unternehmen treu zu bleiben. Sie versprechen alles für ihn zu tun und sich persönlich bei der Geschäftsführung für ihn einzusetzen.

3. Reaktionsmöglichkeit: Sie halten inne und versuchen die Verhaltensweise ihres Verhandlungspartners zu verstehen, nicht zu bewerten und nicht zu interpretieren. Sie haben Interesse zu erfahren, wie der Kunde zu dieser Aussage kommt und hinterfragen dessen Sichtweise und seine Beweggründe. Sie sind davon überzeugt, dass Ihre angebotenen Preise attraktiv sind und ihre Produkte einen entsprechenden Nutzen stiften. Sie beginnen nochmals bei der Auftragsklärung, um die Wünsche und Bedürfnisse noch besser zu verstehen um so die ideale Lösung für beide entwickeln zu können.

Diese Beispiele zeigen, dass wir immer mehrere Handlungsalternativen und Reaktionsmöglichkeiten haben, egal wie unser Verhandlungspartner handelt.

Wir haben immer mehrere Handlungsalternativen und Reaktionsmöglichkeiten!

10.1.2 Wirklichkeiten 1. und 2. Ordnung

Oft wird bei Verhandlungen gestritten, wer Recht hat, wer die Wahrheit sagt und wer denn lügt. Dazu ist es wesentlich, die Unterschiede der Wirklichkeit 1. und 2. Ordnung zu kennen.

Wirklichkeit 1. Ordnung

Darunter verstehen wir objektiv, experimentell feststellbare, messbare oder beweisbare Tatsachen (z.B. Gewicht, Uhrzeit, Formen, Farben, Daten und Fakten, die nachprüfbar sind). Dabei handelt es sich um allgemein anerkannte Maßstäbe.

Wirklichkeit 2. Ordnung

Hier handelt es sich um Bewertungen, Bedeutungen, Interpretationen dieser Tatsachen, um Meinungen und Standpunkte, die sich verändern (können), wie z.B. die Bedeutung von bestimmten Situationen und Dingen für die jeweils betroffene Person. Sie sind subjektiv, höchst individuell, geprägt durch den Menschen, dessen Grundannahmen, Erfahrungen und Wertvorstellungen etc.

Die faktische Uhrzeit ist die Wirklichkeit 1. Ordnung, die Bewertung, die Interpretation, ob zu früh, zu spät, zu lange etc., das ist Wirklichkeit 2. Ordnung.

Was nützt dieses Wissen über Wirklichkeiten 1. bzw. 2. Ordnung bei Verhandlungen? Wenn es zu angespannten Situationen oder gar Konflikten kommt, ist es wesentlich zu klären, ob es sich bei dem Streitpunkt um Fakten oder um Interpretationen handelt. Bei unterschiedlichen Auffassungen über Fakten wird es selten Kommunikationsprobleme bzw. Streit geben, da sich diese Tatsachen sachlich ausdiskutieren lassen. Wohl aber bei Interpretationen, wenn ein Verhandlungspartner versucht, dem anderen seine Meinung, seinen Standpunkt, sein Verhalten aufzuzwingen. Sobald ein Verhandlungspartner meint, er habe Recht, seine Meinung wäre die (einzig) **richtig**e und der andere sei im Unrecht und sehe die Dinge **falsch**, kann die Verhandlungssituation leicht in ein „Größer-Kleiner-Spiel" mutieren. Dies führt dazu, dass sehr viel Energie und Konzentration für innere Verhandlungen verwendet wird und die äußere Verhandlung darunter leidet.

Sind Sie jedoch in der Lage und auch bereit, unterschiedliche Bewertungen und Sichtweisen als **anders**, also neutral und nicht wertend (richtig vs. falsch) zu sehen, besteht die Möglichkeit, die emotionale Ebenbürtigkeit aufrechtzuerhalten.

> **Bei Konflikten ist es wesentlich zu klären, ob es sich beim Streitpunkt um Fakten oder um Interpretationen handelt.**

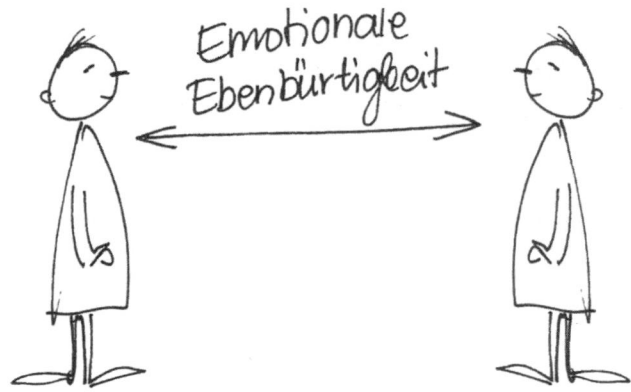

Gerade in diesen unterschiedlichen Interpretationen, Bewertungen und Bedeutungen liegt die Chance zum Mehr-Wert Schaffen. Wesentlich ist, diese Unterschiede zu erkennen, zu respektieren und zu nützen.

10.1.3 Nicht nachvollziehbare Verhaltensweisen Ihres Verhandlungspartners

Haben Sie schon Verhandlungspartner erlebt, die so richtig „unmöglich" sind? Menschen, deren Verhalten für Sie überhaupt keinen Sinn macht, ausschließlich anstrengend und sinnlos ist. Menschen, mit denen Sie gar nicht verhandeln wollen, die Sie verachten, innerlich hinunterschauen, manchmal – je nach Hierarchie – äußerlich hinaufschauen. Es liegt an Ihnen, ob Sie das Verhandlungsergebnis wegen „spezieller" Verhaltensweisen Ihres Verhandlungspartners den Bach runterschwimmen lassen oder ob Sie sich die Frage stellen, welchen Sinn könnte wohl diese „spezielle" Verhaltensweise für Ihren Verhandlungspartner haben? Die Systemische Denkweise besagt u.a.: **„Jedes Handeln macht für den Handelnden im Augenblick des Handelns Sinn"**. Das heißt, kein Mensch auf der Welt handelt bewusst unsinnig. Auch wenn es für den anderen vielleicht so wirken mag. Wenn Sie Interesse am Verhandlungspartner haben, den Sinn seiner Handlung verstehen möchten, gibt es nur eine Möglichkeit, ihn zu erfahren: Danach zu *fragen und hinzuhören*. Durch das Hinterfragen zeigen Sie Ihrem Verhandlungspartner Interesse, Respekt und Wertschätzung. Wenn Ihnen dies gelingt, können Sie auch mit jedem herausfordernden Verhandlungspartner gute Ergebnisse erzielen.

Fragen Sie sich, welchen Sinn diese „spezielle" Verhaltensweise für Ihren Verhandlungspartner haben könnte.

Kein Mensch auf der Welt handelt bewusst unsinnig.

Solange Sie reden, erfahren Sie nichts vom anderen und gleichzeitig verschleudern Sie Ihre wertvolle Information.

TIPP:

Beobachten Sie doch bei Ihrer nächsten Verhandlung, woran Sie denken, wenn der Verhandlungspartner Sie mit Argumenten bombardiert. Hören Sie genau hin oder klinken Sie sich ab dem Zeitpunkt aus, wo Sie ein Signalwort hören, um das nächste Gegenargument zu entwickeln? Fühlen Sie sich als Mensch ernst genommen, wenn Sie zielsicher „niederargumentiert" werden? Möchten Sie doch lieber gefragt werden? Was spielt sich in Ihnen ab? Achten Sie das nächste Mal genau auf Ihre innere Verhandlung.

10.2 Argumentieren

Viele Verhandler betrachten das Füllen des „Argumentekoffers" als den wichtigsten Teil der Vorbereitung. Voll bepackt und aufmunitioniert steigen sie dann in den Verhandlungsring und kämpfen darum, den Gegner mit diesen Argumenten zu überzeugen oder ihn argumentativ niederzuschmettern.

Argumentieren ist ein riskantes Unterfangen! Denn solange Sie reden, erfahren Sie nichts vom anderen und gleichzeitig verschleudern Sie Ihre wertvolle Information, um anderen zu beweisen wie schlau Sie sind. Wenn Sie in Argumentationssalven verfallen, haben Sie enorme Streuverluste. Sie wissen nicht, was Ihr Visavis berührt, interessiert.

Taktisch gesehen bringt das Argumentieren einen weiteren Nachteil: Je mehr Argumente Sie bringen, desto mehr Angriffspunkte öffnen Sie für Ihren Verhandlungspartner!

10.2.1 Mauerbau

Wenn Sie sich durch die vielen Argumente von Ihrem Verhandlungspartner entfernen, beginnt sich eine zuerst nur ganz zart merkbare, noch durchscheinende Wand zwischen Ihnen aufzubauen. Im Laufe des Argumentierens wird diese Wand immer dicker und undurchsichtiger, bis sie zu einer harten und fast unbezwingbaren „Stahlbetonmauer" mutiert. Dann führt jeder nur noch **argumentative Selbstgespräche** und erreicht den anderen nicht mehr.

Wenn Sie merken, dass die Verhandlung zu stocken, die Luft zu flimmern beginnt, dann ist vermutlich Folgendes passiert: Sie verhandeln nicht mehr *mit*einander sondern *neben*einander oder *gegen*einander.

Stellen Sie sich die Frage, ob Sie den Verhandlungspartner erreichen und ob Sie ihn überhaupt erreichen wollen. Und, ob Sie (noch) an der Sichtweise Ihres Verhandlungspartners interessiert sind oder nur mehr Ihr eigenes Wissen, Ihre Expertise demonstrieren wollen. Dann geht es um Selbstdarstellung und nicht mehr um eine professionelle Verhandlungsführung.

10.2.2 Verkaufen oder „Kaufen helfen"

Gerade Verkäufer sind oft darauf trainiert, ein Argumentations-Bombardement abzufeuern. Damit wollen sie ihren Kunden etwas *verkaufen*, anstatt ihnen zu helfen, das Passendste zu *kaufen*. Vielleicht unterschreibt der Kunde trotzdem den Vertrag (im Extremfall, nur damit er endlich Ruhe hat und danach schriftlich storniert). Der Verkäufer weiß aber dadurch nicht, was der kaufentscheidende Punkt war. Er weiß nur, dass er scheinbar erfolgreich war und den Abschluss geschafft hat. Das Verhandlungsklima wird mit sehr großer Wahrscheinlichkeit belastet.

BEISPIEL:
WIRKUNGSWEISE DES ARGUMENTIERENS

Was würden Sie von einem Möbelverkäufer in einem großen Möbelhaus halten, der Sie bei der Eingangstür abholt, Ihnen alle Abteilungen zeigt, deren Vorteile argumentiert und erst am Schluss rein zufällig, weil sie gerade durch die Kinderzimmer-Abteilung gehen, bemerkt, dass Sie an Kindermöbeln interessiert sind. Ist doch ziemliche Zeitverschwendung und kontraproduktiv für die Zielerreichung. Was löst dieser unachtsame, nicht an Ihnen interessierte Umgang in Ihnen aus? Was spielt sich in Ihnen ab, wenn Sie nicht gefragt werden, sondern der andere mit seinen Argumenten drauf los hämmert? Vor allem aber sind Sie dann, wenn es zum entscheidenden Punkt kommt, vielleicht schon müde, frustriert und sauer, weil Sie mit so viel Unnötigem belastet wurden.

Hier scheint es ziemlich eindeutig, dass eine **gute Auftragsklärung mit vielen Fragen und eine anschließende zielgerichtete Beratung die Schlüssel zum Erfolg** sind. Bei vielen Verhandlungen bzw. Verkaufsgesprächen läuft es leider wie im obigen Beispiel. Es ist entscheidend, nicht durch übereifriges Argumentieren das ganze Pulver zu verschießen, nur um vermeintlich seine Kompetenz unter Beweis zu stellen.

Der zielgerichtete effiziente Weg zum gemeinsamen Verhandlungserfolg lautet daher: „Weg vom Argumentieren und hin zum Fragenstellen und Hinhören!" Nur so können Sie Einblick in die Welt des Verhandlungspartners bekommen und dadurch ideale Verhandlungslösungen entwickeln.

Weg vom Argumentieren hin zum Fragenstellen und Hinhören!"

10.2.3 Ideenkellner vs. Ratschläge

Wenn Sie beim Verhandeln oder beim Verkauf „für den anderen denken", für ihn die (vermeintlich) treffsichersten Argumente und Ratschläge suchen, dann bedeutet dies, dass Sie zu wissen glauben, was Ihr Verhandlungspartner braucht, was gut für ihn ist.

Ein Ratschlag ist eine Antwort auf eine nicht gestellte Frage.

Ratschläge bedeuten, dass sie sich größer, informierter fühlen und dem anderen Gutes tun wollen. Das Problem liegt aber darin, dass Sie dabei dem Verhandlungspartner, bewusst oder unbewusst, das Gefühl vermitteln, inkompetent und hilfsbedürftig zu sein und dass Sie der Experte für sein Leben, seine Situation sind. Ratschläge werden daher meist abgelehnt und als Grenzverletzung erlebt. „Ich weiß genau was Sie brauchen ...“, „Bei der Durchsicht Ihrer Unterlagen ist mir aufgefallen, dass Sie xy unbedingt brauchen.“

Ratschläge werden meist abgelehnt und als Grenzverletzung erlebt.

Wie können Sie nun bei Verhandlungen Ihr Wissen an den Mann, die Frau bringen, ohne abzustoßen und Grenzen zu verletzen?

Bieten Sie sich als Ideenkellner an und fragen Sie, ob Ihre Sichtweise, Ihre Meinung gefragt ist, dann ist der Verhandlungspartner wieder aufgefordert, die Initiative zu ergreifen und Sie um Ihre Ideen zu fragen.

Das Bild von einem Kellner z.B. auf einer Vernissage, der ganz unaufdringlich verschiedene Getränke auf dem Tablett anbietet, ist dabei hilfreich. Der (Ideen-)Kellner weckt Interesse, erzeugt Gusto auf Themen, die am Tablett gesehen werden. Allerdings schmeißt der Kellner nicht gleich mit der ganzen Ladung nach Ihnen, sondern bietet an. Sie können danach greifen, wenn Sie wollen.

Ratschlag   vs.   Ideenkellner

10.2.4 Durch Expertise punkten können

Diese zuvor beschriebenen negativen Auswirkungen des Argumentierens sind dann relevant, wenn Sie von sich aus versuchen, den Verhandlungspartner durch Ihre Argumente zu überzeugen. Haben Sie die Bedürfnisse Ihres Visavis gründlich erfragt und haben dafür nutzenstiftende Lösungsideen, dann haben Sie volle Aufmerksamkeit und können zielsicher Ihre Expertise präsentieren. Sie können sich auch den Redeauftrag von Ihrem Verhandlungspartner holen: „Möchten Sie hierzu meine Lösungsideen/Gedankengänge hören?" Der beste Fall ist, vom Verhandlungspartner um Rat gefragt zu werden. Dann können Sie ohne Streuverluste – zielsicher – „Argumentieren".

10.3 Fragen stellen

Viele Verhandlungspartner sind negativ gegenüber dem „Fragen Stellen" eingestellt. Vermutlich wurde ihnen in der Kindheit vermittelt: „Frag nicht so viel!" Oder vielleicht sogar: „Frag nicht so dumm!" oder „Kennst du dich leicht nicht aus? Fragen bedeutet, nichts wissen!". Und dadurch versuchen manche Verhandler (vermeintlich), durch Argumentieren zu zeigen, dass sie viel wissen.

Das Ohr ist der Weg zum Herzen.
(Voltaire)

10.3.1 Fragenstellen – wozu?

Fragen zu stellen heißt, eine Brücke zum anderen zu bauen.

Interessiertes Fragenstellen hat – wie bereits beschrieben – ausschließlich Vorteile:

- Sie erhalten Informationen und zeigen Interesse.
- Ihr Verhandlungspartner fühlt sich ernst genommen, dies schafft die notwendige vertrauensvolle Verhandlungskultur.
- Wer fragt, braucht keine Antwort zu geben und verhandelt daher (besonders bei konkurrenzorientierten Verhandlungspartnern) „risikofrei".
- Wer fragt, der führt und lenkt die Verhandlung in die von ihm gewünschte Richtung.
- In stimmungsmäßig kritischen Verhandlungssituationen entschleunigt das Fragen und „repariert" das Verhandlungsklima.

Hingegen bringt **aushorchendes Fragenstellen**, nur um Informationen zu erhalten, die dann zum eigenen Vorteil ge-/missbraucht werden, die Stimmung rasch zum Kippen.

10.3.2 Fragen stellen – aber wie?

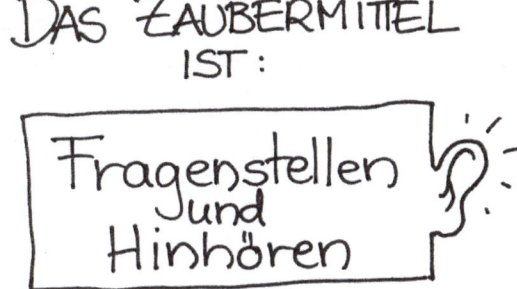

Erfolgreiches Verhandeln erfordert die Kunst des Fragens und Hinhörens, die Kunst des Beobachtens und die Kunst der kreativen Problemlösung.

Fragen zu stellen heißt, eine Brücke zum anderen zu bauen.

TIPP:

Stellen Sie jeweils nur eine Frage und nicht gleich eine ganze Salve von Fragen hintereinander. Ansonsten versäumen Sie das Allerwichtigste – die Antwort auf die einzelnen Fragen. Bestenfalls erhalten Sie Antwort auf die letztgestellte Frage. Richtig zu fragen bedeutet: Eine Frage stellen und hinhören! Dies erscheint klar, die Praxis zeigt jedoch, dass oft Fragen gestellt werden, die entweder selbst beantwortet werden oder ohne Abzuwarten gleich weitergesprochen wird. Je besser die Frage, desto länger dauert es, die Antwort zu bekommen, weil die Frage zum Denken anregt. Stille, Schweigen, Warten auf die Antwort – auch wenn es nur wenige Sekunden sind – kann in der Verhandlungssituation sehr lange erscheinen. Sie können sicher sein, einer durchbricht das Schweigen – und wenn es nicht Sie sind, dann wird es der Verhandlungspartner sein und Ihnen eine Antwort auf Ihre Frage geben. Gönnen Sie Ihrem Verhandlungspartner die Denkzeit, die er braucht, um Ihre Frage zu beantworten. Nur Fragen, die an der Oberfläche kratzen, können blitzschnell beantwortet werden. Tiefergehende Fragen benötigen mehr Zeit zum Nachdenken.

10.4 Fragetechniken in der Verhandlung

Es gibt zahlreiche Fragetypen. Auch hier beschränke ich mich bei der Auswahl auf die wesentlichen, die für die zielsichere Verhandlungsführung großen Nutzen bringen.

FRAGETYPEN

Geschlossene Fragen

Dabei handelt es sich um Fragen, die mit ja oder nein beantwortet werden. Diese Fragen sind zielführend, wenn Sie Klarheit über die Entscheidung brauchen.

> **Beispiele:**
> ■ „Haben Sie Ihre Entscheidung schon getroffen?
> ■ „Sind Sie an einer Lösung interessiert?"

Hier ist eine kurze, knappe Antwort mit „ja oder nein" möglich. Sie erhalten jedoch keine Information über Bedürfnisse, Interessen, Wünsche oder sonstige Kriterien, die zu dieser Entscheidung geführt haben.

Offene Fragen

Bei offenen Fragen erhalten Sie mehr Informationen, initiieren einen Meinungsaustausch und aktivieren dadurch das Verhandlungsgespräch.

Bei offenen Fragen erhalten Sie mehr Informationen, initiieren einen Meinungsaustausch und aktivieren dadurch das Verhandlungsgespräch. Diese Fragen zeigen Interesse an Ihrem Verhandlungspartner und vermitteln dadurch Wertschätzung und gestalten ein vertrauensvolles Verhandlungsklima. Sie sind nicht mit einem bloßen Ja bzw. Nein zu beantworten. Diese typischen **„W"-Fragen** (wer, was, welche, bis wann, inwiefern, woran, wo, wohin etc.) regen zum Nachdenken an, können neue Aspekte eröffnen und dadurch neue Lösungen ermöglichen. W-Fragen können sowohl problem- als auch lösungsorientiert sein.

Beispiele:

- Was ist genau passiert?
- Wie kann ich Sie unterstützen?
- Wodurch ist dieses Problem Ihrer Meinung nach entstanden?
- Wo kann ich Sie innerhalb der nächsten halben Stunden erreichen?

Problemorientierte Fragen

Diese Fragen führen meist in die Vergangenheit und beschreiben ein Problem. Diese Fragen beinhalten Kritik, Schuldzuweisungen und kreisen um das Problem. Sie sind meist negativ formuliert. Der Klassiker unter diesem Fragetypus ist die Warum-Frage. Sie ist oft keine Frage, sondern ein Vorwurf!

Warum-Frage

Beispiele:

- „Warum ist das nicht schon längst gemacht?"
- „Warum kommen Sie immer zu spät?"

Problemorientierte Fragen können die Stimmung rasch belasten und zu einem **„Anschuldigungs-Rechtfertigungs-Schlagabtausch"** führen.

Suggestivfragen

Vermeiden Sie beim Verhandeln Suggestivfragen, denn damit wollen Sie bewusst manipulieren. Sie erhalten keine neue Information und belasten dadurch unnötig das Verhandlungsklima.

Beispiele:

- „Sie sind doch auch meiner Meinung, dass …?"
- „Ist es nicht so, dass …?"
- „Sollten Sie in solchen Situationen nicht …?"
- „Sie werden doch zustimmen, dass …?"
- „Meinen Sie nicht auch, dass …?"

Lösungsorientierte Fragen

Diese Fragen sind positiv formuliert, zeigen Kompetenzen auf, beinhalten Veränderung und sind zukunftsorientiert. Sie sind oft als Wie-Fragen formuliert.

Beispiele:
- „Wie müsste das Angebot konzipiert sein, dass es Ihre Zustimmung findet?"
- „Wie können wir an die Sache herangehen?"
- „Wie schätzen Sie die Lage ein?"
- „Welche Lösungsmöglichkeiten sehen Sie?
- „Was müsste sein, damit Sie diese Idee unterstützen?"
- „Wer oder was könnte Ihnen behilflich sein?"

Dieser Fragetyp erzeugt Kreativität und eigene Lösungskraft, hat eine positive Wirkung in Richtung Lösung, ist ressourcenorientiert und fokussiert auf die Fähigkeiten und Stärken der Beteiligten.

Systemische Fragen

Systemische Fragen zeigen eine vielschichtige Charakteristik. Sie sind offene Fragen und bringen das Gegenüber zum Denken. Sie gehen in die Tiefe und fragen nach Bedeutungen und Auswirkungen. Sie sind stets ziel- und lösungsorientiert. Mit systemischen Fragen können Sie Vernetzungen im System und Zusammenhänge darstellen. Sie ermöglichen den professionellen Umgang mit Einwänden und Lösungen und helfen, den Idealzustand zu erarbeiten.

➡ Kapitel 10.4.2 „Beispiele für Systemische Fragen in der Verhandlung"

10.4.1 Exkurs: Problem- oder Lösungsorientierung in der Verhandlung

Gerade in angespannten Situationen ist es hilfreich, die Ist-Situation zu analysieren und anschließend an Lösungen zu arbeiten. Machen Sie hingegen eine Problemanalyse, beschäftigen Sie sich ständig mit der Vergangenheit. Vorwürfe, Anschuldigungen, Schuldzuweisungen, „Größer-Kleiner-Spiele" können leicht das Verhandlungsklima belasten.

Natürlich ist es in bestimmten Fällen wichtig, die Ursache von Problemen zu erforschen. Bleibt man allerdings im Problem hängen, fangen sich die Gespräche leicht im Kreise zu drehen an. Achten Sie darauf, rasch in die Zukunft zu blicken und produktiv und zielgerichtet gemeinsam an der Lösung zu arbeiten.

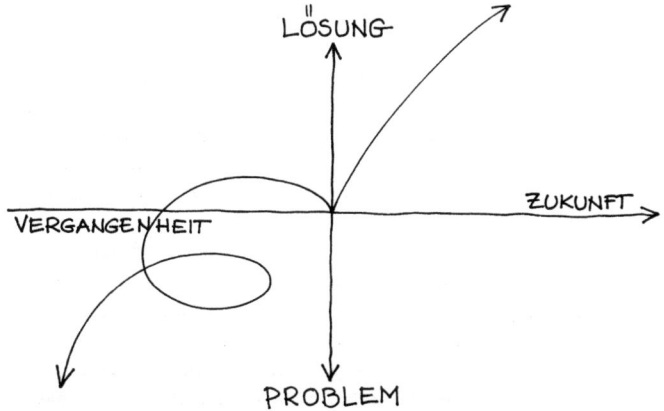

10.4.2 Beispiele systemischer Fragen in der Verhandlung

Verstehen versuchen
- ❑ Was verstehen Sie unter ...?
- ❑ Was bedeutet ... für Sie?
- ❑ Was konkret wollen Sie damit ausdrücken?
- ❑ Was genau wollen Sie mir damit sagen?
- ❑ Das irritiert mich. Wie darf ich das interpretieren?
- ❑ Was darf/kann ich mir darunter vorstellen?
- ❑ Woran erkennen Sie, dass ...?
- ❑ Wenn ..., was ist dann anders?
- ❑ Was sind die Hintergründe für für Ihre Aussage/für Ihre Frage?
- ❑ Inwieweit, ist es wichtig, dass wir .... lösen?
- ❑ Wie können die Veränderungen aus Ihrer Sicht umgesetzt werden?
- ❑ Gibt es eine Frage, die Ihnen wichtig erscheint und die ich noch nicht gestellt habe? Wenn ja, welche wäre es?

Nach Auswirkungen fragen
- ❑ Welche Auswirkungen hat ...?
- ❑ Angenommen, Sie würden den Zuschlag bekommen, wie würde XY reagieren?
- ❑ Angenommen, Sie haben Ihr Ziel erreicht, was ist dann anders?
- ❑ Angenommen, wir finden keine Lösung, welche Auswirkungen hätte dies auf Sie/Ihr Unternehmen?

Vernetzungen darstellen
- ❑ Was würde Ihr Vorgesetzter zu diesem Ergebnis sagen?
- ❑ Was würde Ihnen XY raten?
- ❑ Wie würde XY das sehen?
- ❑ Was bedeutet es für Sie (Ihren Chef etc.), wenn wir heute zu keiner Lösung finden?
- ❑ Worauf legt der Entscheider besonders Wert, worauf weniger?

Umgang mit Einwänden, Vorwänden, Ängsten und Lösungen ermöglichen
- ❑ Was müsste passieren/sein, dass wir zu einer Lösung finden? (Als Antwort erhalten Sie die Einwände.)
- ❑ Angenommen, der *gebrachte Einwand* ist beseitigt, sind

wir uns dann einig?

❏ Was gefällt Ihnen an meinen Lösungsideen/meinem Angebot besonders gut, was weniger gut?

❏ Unter welchen Voraussetzungen ist dies möglich?

❏ Welche Möglichkeiten sehen Sie, dass wir zu einer Verhandlungslösung kommen?

❏ Was darf unter gar keinen Umständen passieren?

Um Verständnis für die eigene Situation ersuchen und Sichtweisen wechseln

❏ Angenommen, Sie wären in meiner Situation, was würden Sie mir raten?

❏ Was würden Sie an meiner Stelle tun?

Entscheidung

❏ Welche Kriterien sind entscheidungsrelevant?

❏ Wer außer Ihnen ist noch an der Entscheidung beteiligt?

❏ Wie können wir die Unterlagen aufbereiten, damit sie Ihnen die Entscheidungsfindung erleichtern?

❏ Welche Vorgehensweise ist für Sie hilfreich?

❏ Wen sollen wir noch mit einbeziehen?

❏ Wie ist der Ablauf des Entscheidungsprozesses?

❏ Welche Kriterien müssten Ihrer Meinung nach erfüllt sein, damit wir eine Lösung finden?

❏ Was müsste sein/passieren, damit Sie sich für uns entscheiden?

❏ Wo sehen Sie bereits jetzt eine Möglichkeit des Einverständnisses (der Zusammenarbeit, …)?

Ideal-Zustand

❏ Angenommen, es geht um Ihre ideale Lösung, wie würde diese aussehen?

❏ Angenommen, Sie könnten sich den Idealzustand wünschen, woran würden Sie ihn erkennen?

❏ Angenommen, … ist ideal, was ist dann anders?

! TIPP:

❏ Fragen Sie so „naiv wie ein Kind" und nehmen Sie nicht an, dass die Dinge so sind, wie Sie es vermuten, Sie könnten sich nämlich täuschen!

❏ Fragen Sie so lange, bis Sie eine klare „Handlungsanweisung" erhalten, bis Sie die Informationen haben, die Sie brauchen, um die Wünsche, Bedürfnisse und Interessen des anderen zu erfüllen – oder eben nicht.

10.5 Tipps für die Kommunikation in Verhandlungen

10.5.1 Wie können Sie die Mauer durchbrechen?

Sie kennen vielleicht das Gefühl, dass sich zwischen Ihnen und Ihrem Verhandlungspartner eine Mauer aufbaut und Sie ihn nicht mehr erreichen. Dann tauchen schnell solche oder ähnliche Fragen auf: „Will er mich nicht verstehen oder kann er mich nicht verstehen?" „Tut er so …, oder ist er so …?" Spätestens dann haben Sie und/oder Ihr Verhandlungspartner die emotionale Ebenbürtigkeit verlassen und „Größer-Kleiner-Spiele" haben begonnen.

Wie können Sie nun die Mauer durchbrechen, um Ihren Verhandlungspartner wieder zu erreichen?

Fragen stellen: Wer fragt, zeigt Interesse am Verhandlungspartner und signalisiert Bereitschaft und Interesse an einer Lösung. Dieses ehrliche Interesse spürt Ihr Verhandlungspartner und das tut dem Ego des anderen gut. Erst, wenn dieser Schutz, die Mauer, nicht mehr als notwendig empfunden wird, kann dieser Wall abgerissen werden

Metakommunikation: Sie beschreiben, wie Sie die Verhandlungssituation wahrnehmen und kommunizieren über die Kommunikation. Sie nehmen also eine Beobachterrolle ein und steigen für einen kurzen Augenblick aus der Verhandler-Rolle aus. Wie z.B. „Ich habe den Eindruck, *wir* kommen keinen Schritt weiter und vergraben uns in unseren Positionen." Oder „Ich empfinde diese Situation als unangenehm und ich habe den Eindruck, dass *wir* so auch nicht weiterkommen. Mir ist wichtig, dass *wir* eine Lösung finden. Wie sehen Sie diese Situation?"

TIPP:

Achten Sie dabei auf das **wir,** es stellt ein stark verbindendes Moment dar.

Einen Schritt zurück: Falls sich das Gespräch bei einer Verhandlung im Stillstand befindet, schalten Sie den Retourgang ein und suchen Sie den Punkt, an dem Sie noch festen Boden unter den Füßen (also die letzte Gemeinsamkeit) gespürt hatten. Ein Auto, das im Schnee hängen bleibt, kommt nicht mit noch mehr Gas aus seiner misslichen Situation, sondern mit dem Rückwärtsgang. Versucht man es zu beharrlich mit mehr Gas, dann braucht man Hilfe von Dritten, beim Auto einen Abschleppwagen, bei der Verhandlung eine Mediation.

Emotionale Ebenbürtigkeit: Das wichtigste aber ist, wertschätzend über den anderen zu denken. Solange ein Verhandlungspartner den anderen nicht als emotional ebenbürtig empfindet, bleibt die Mauer als Schutz vor Angriffen bestehen.

10.5.2 Dampf ablassen

Falls die Verhandlung stockt und Sie merken, dass Ihr Verhandlungspartner „unter Druck steht", gestatten Sie Ihrem Verhandlungspartner Dampf abzulassen. Hören

Sie ruhig und möglichst gelassen zu und reagieren Sie nicht auf die emotionalen Ausbrüche. Wenn es Ihnen gelingt, Respekt vor dem Verhandlungspartner zu bewahren, können Sie, wenn sich die Wogen geglättet haben, konstruktiv weiter verhandeln. Nützen Sie den Redeschwall, um für die Lösungsfindung nützliche Information zu sammeln.

10.5.3 Nachverhandlungen

Vermeiden Sie es, nach der Verhandlung noch Punkte einzuwerfen und weiter zu verhandeln: „Was mir gerade einfällt, ich habe vergessen, dies und jenes zu berücksichtigen." Solche Einwürfe wirken sich schlecht auf Ihr Image aus und belasten die gute Stimmung des gemeinsamen Abschlusses.

10.5.4 Wenn Sie nicht mehr weiter wissen

- **Schweigen Sie,** der Verhandlungspartner spricht mit Sicherheit weiter – einer unterbricht die Stille – und das müssen nicht Sie sein.
- **Stellen Sie Fragen** – dann brauchen Sie keine Antworten geben und bekommen wertvolle Informationen.
- Steigen Sie aus dieser Situation aus und machen Sie eine **kurze Pause**. Der Gang zum „Stillen Ort" kann willkommene Unterbrechung sein. Bewegung bringt wieder Schwung in die Gedanken, die Sichtweisen ändern sich, und Sie können sich selbst vor dem Spiegel „anlächeln", was Ihre Stimmung nachweislich verbessert. Lächeln wirkt Wunder. Auch wenn Ihnen gar nicht danach zu Mute ist. Probieren Sie es einfach aus!

10.5.5 Gerangel um Standpunkte

Oft wird um Standpunkte gefeilscht, die dahinter liegenden Bedürfnisse und Interessen bleiben unerkannt. Je deutlicher sich Verhandlungspartner hinter ihren Standpunkten verschanzen und gegen Angriffe verteidigen, umso größer ist der Gesichtsverlust, wenn sie ihre Meinung ändern. Auch wenn Sie das Nachgeben mit einem „Ich bin ja vernünftig und gebe nach." tarnen, kratzt es am Verhandlungsimage.

Verhandlungen – Standpunkt gegen Standpunkt – sind belastend, langwierig und mühsam und führen zu keinen guten Ergebnissen. Zumindest ein Verhandlungspartner steigt mit „zerkratztem Gesicht" aus dem Ring. Rache ist süß, und Sie können sicher sein, dass das Risiko groß ist, bei der nächsten Verhandlung der Verlierer zu sein.

Solche Verhandlungen gehen nur scheinbar um die Sache, tatsächlich sind sie zum Ego-Krieg mutiert. Wenn ungleiche Verhandlungsmächte gegeben sind, wird oft mit Drohungen und Druck gearbeitet und der Untergebene, Schwächere muss sich widerwillig dem Willen des Stärkeren unterwerfen. Die Lösung ist nicht tragfähig und kippt bei der ersten Gelegenheit. Solche Ergebnisse müssen ständig kontrolliert werden, da der Verlierer meist Energie in die Umgehung der Ergebnisse legt und dabei ziemlich kreativ und erfinderisch sein kann.

Analysieren Sie mit folgenden **Fragen** diese Situation:
- Welche Gründe könnte der Verhandlungspartner haben, um sich hinter der eingenommen Position zu verschanzen?
- Welche Gründe habe ich, um mich hinter meiner eingenommenen Position zu verschanzen?
- Welche Ängste, Befürchtungen könnten bei mir/meinem Verhandlungspartner mitschwingen?
- Was müsste passieren, damit die Verhandlung wieder konstruktiv fortgesetzt werden kann?

10.5.6 Allgemeine Tipps

Verneinungen

Achten Sie auf „positive" Formulierungen und vermeiden Sie das Wort „nicht". Verneinungen kann unser Gehirn nicht denken. Da unser Denken in Bildern funktioniert und „nicht" daher nicht verstanden wird, lösen Verneinungen unerwünschte Bilder aus.

BEISPIELE:

❏ „Mir geht es nicht nur ums Geld!" Oder: „Ich bin an einer stabilen Lösung für uns beide interessiert."

❏ „Ich möchte mich nicht um die Verantwortung drücken." Oder „Ich nehme diese Verantwortung gerne wahr."

❏ „Sie haben dadurch keinen Nachteil." Wie klingt dagegen: „Sie haben dadurch folgenden Nutzen".

❏ „Das ist kein schlechter Preis", was nicht automatisch heißt, dass es ein guter Preis ist, aber das Bild vom schlechten Preis bleibt.

Satzlänge/Monologe

Verhandlungspartner, die lange Schachtelsätze bilden, die kaum in Schriftform nachzuvollziehen sind, beanspruchen stark den geistigen „Arbeitsspeicher". Meist wird dann Blickkontakt als störende Zusatzinformation empfunden und daher gemieden. Die wichtigste Information – die Reaktion des Verhandlungspartners – wird dadurch versäumt. Lange Sätze lenken vom Inhalt ab, sie verwirren meist, was für manche Verhandler auch der gewünschte Effekt ist. Wenn Sie also nicht nur Eindruck schinden, sondern für Ihren Verhandlungspartner verständlich sein wollen, dann sprechen Sie in kurzen, einfachen Sätzen. Sie werden merken, dass beim Verhandlungspartner leichter Interesse geweckt wird. Lange Monologe belasten die Stimmung und sind taktisch unklug, da zu viel Information gegeben wird.

Lange Monologe belasten die Stimmung und sind taktisch unklug, da zu viel Information gegeben wird.

Sprache, Sprechtempo und Lautstärke

Versuchen Sie sich auf die Sprache Ihres Verhandlungspartners einzustellen. Verwendet dieser viele Fremdwörter und Fachausdrücke, dann wird er Sie auch als kompetenter empfinden, wenn Sie Fremdwörter und Fachausdrücke verwenden. Spricht er jedoch mit einfachen Worten, können viele Fremdwörter Allergien auslösen. Vielleicht versteht der Verhandlungspartner auch die Fachausdrücke nicht und fühlt sich geschrumpft und klinkt sich geistig aus. Wenn der Verhandlungspartner umgangssprachlich spricht, werden Sie ihn leichter erreichen, wenn Sie auch zumindest etwas umgangssprachlich sprechen.

Leise zu sprechen kann Interesse und Neugierde wecken, aber was, wenn Ihr Verhandlungspartner schlecht hört und Sie nicht versteht. Ständig nachfragen zu müssen, belastet die Stimmung. Übermäßig laut zu sprechen, kann indiskret wirken. Jeder hat seine natürliche Lautstärke und sein natürliches Sprechtempo.

Sensible Punkte

Wenn Sie beim Ansprechen sensibler Punkte die Lautstärke und/oder das Tempo ändern, ist dies ein markanter Hinweis darauf, dass Sie jetzt für Sie unangenehme Punkte ansprechen. Verstärkt wird diese Wirkung noch, wenn Sie eine Pause vor dem Knackpunkt machen. Sprechen Sie daher unangenehme Dinge aus, als wären sie die natürlichsten Dinge der Welt, als wären sie ausschließlich Information. Sie werden sehen, dass diese dann meist auch als Information aufgenommen werden. Ansonsten haben Sie unbewusst eine Einladung ausgesprochen, gerade diesen Punkt zu verhandeln. Sprechen Sie besonders sensible Punkte vor der Verhandlung zur Übung laut aus, damit Sie für die Verhandlung Sicherheit gewinnen.

Sprechen Sie besonders sensible Punkte vor der Verhandlung zur Übung laut aus, damit Sie für die Verhandlung Sicherheit gewinnen.

Kapitel 9.5 „Emotionale Tipps für Preis-Verhandlungen – Das Wie der Preisnennung".

Zusätzliche Information finden Sie im *Kapitel 9.5 „Emotionale Tipps für Preis-Verhandlungen – Das Wie der Preisnennung"*.

TYPISCHE FEHLER BEI DER VERHANDLUNGS-KOMMUNIKATION

- ❏ kein ehrliches Interesse an den Sichtweisen des Verhandlungspartners
- ❏ Unsicherheit ausstrahlen (durch körpersprachliche Signale wie zaghafter Händedruck und trippelnder Gang, Tonfall, hängende Schultern, devoter Blick, …)
- ❏ unproduktive Selbstgespräche – Monologe bei Stress – sogenannte Angst-Viel-Redner. Monologe können ein Zeichen von Unsicherheit sein, aber auch eine Taktik, den anderen zu ermüden.
- ❏ Selbstabwertung bei Stress (z.B. Das hab *ich* wieder blöd gemacht.)
- ❏ Aggression/Emotionalität bei Stress (Angriffe wie z.B. „*Sie* nehmen sich ja nie genug Zeit für unsere Verhandlung, da können wir ja zu keiner Lösung kommen.")
- ❏ Unruhe im Gespräch (z.B. Unterlagen suchen müssen, Störungen durch Handy-Anrufe)
- ❏ Keine klare Ergebnisorientierung – solche Verhandlungen führen vom Hundertsten ins Tausendste, aber nicht zu einer Lösung.
- ❏ Sturheit: Wenn man stur hinter den eigenen Argumenten steht, kann man wohl aus Machtpositionen gewinnen, aber den Verhandlungspartner verlieren.
- ❏ Aneinander vorbeireden, dem anderen nicht zuhören, weil man nur mit sich und seinen Argumenten beschäftigt ist.
- ❏ Verwirrung stiften: Wenn kein klares Ziel definiert ist, schwankt man leicht zwischen Argumenten.
- ❏ Geheimnistuerei/sich hinter jemandem verstecken: „Das darf ich Ihnen aber nicht sagen."
- ❏ Spielregeln des guten Tons nicht beherrschen: Wer grüßt wen, wer reicht die Hand, wer bietet den Platz an, wer stellt wen vor etc.
- ❏ eigenwilliger Humor, um andere zum Lachen zu bringen

11. ANHANG – CHECKLISTEN

11.1 IRRE®-Kurzvorbereitung

INTELLEKT: Wie kann ich mich intellektuell bestmöglich vorbereiten?
- Welche Zahlen, Daten, Fakten, Vergleichsfälle, Ansprechpartner/Entscheider und erforderliche Kompetenzen brauche ich?
- In welche Nutzendimensionen und Leistungsbestandteile kann ich den Verhandlungsgegenstand aufsplitten?
- Welchen Nutzen kann ich stiften und wodurch?
- Was hat für mich hohen, was niedrigen Nutzen?
- Welche Lösungsmöglichkeiten sehe ich?

EMOTION: (vgl. die sechs magischen Fragen der emotionalen Klarheit)
- Was denke ich über mich in der Rolle als Verhandlungspartner/in?
- Was denke ich über meinen Verhandlungspartner?
- Was denke ich über den Verhandlungsgegenstand?
- Was glaube ich, denkt mein Verhandlungspartner über mich, den Verhandlungsgegenstand und sich selbst?
- Wie groß oder klein fühle ich mich im Vergleich zum Verhandlungspartner?
- Sind diese Einstellungen für die kommende Verhandlung hilfreich oder hinderlich und sollte ich diese nochmals überdenken?

Wie sieht die **ideale Lösung** aus? Woran erkenne ich diese ideale Lösung?
R$_\epsilon$ **QUANTITATIVES ERGEBNIS:**
- Welches quantitative Ergebnis will ich erreichen?
- Was davon ist besonders wichtig, was weniger?
- Was sind die zugrundeliegenden Bedürfnisse, Interessen und Ängste?
- Was glaube ich, will mein Verhandlungspartner erreichen?

R$_\blacktriangledown$ **BEZIEHUNGSERGEBNIS:**
- Wie sieht die Beziehung zum Verhandlungspartner vor der Verhandlung aus?
- Wie soll die Beziehung zu meinem Verhandlungspartner nach der Verhandlung aussehen?
- Wie soll die Beziehung zu mir selbst nach der Verhandlung aussehen?

Welche Strategie will ich daher anwenden?
Welche Fragen kann ich entwickeln, um diejenige Information zu erhalten, die ich brauche, um Mehr-Wert schaffen zu können?

11.2 IRRE® – ausführliche Vorbereitung und Reflexion

Die 5 Schritte:

1. Intellektuelle Vorbereitung und Reflexion
   a) Ich als Verhandlungspartner/in
   b) Mein Verhandlungspartner
   c) Der Verhandlungsgegenstand
   d) Zieldefinition und Strategiewahl
   e) Der Entscheidungsprozess

2. Emotionale Vorbereitung und Reflexion
   a) Ich als Verhandlungspartner/in
   b) Meine Sichtweise über meinen Verhandlungspartner
   c) Tretminenthemen

3. Alternativen, Szenarien und Infragestellen der Verhandlung

4. Das Verhandlungsgespräch

5. Was wäre, wenn …?

Intellektuelle Vorbereitung und Reflexion

Ich als Verhandlungspartner/in

Nähere Infos dazu in Kapitel 8.3.1.

Vorbereitung

- Wer will die Verhandlung (ich oder mein Verhandlungspartner)?
- Wie viel steht für mich auf dem Spiel? Wie abhängig bin ich vom Ergebnis?
- Besteht ein Abhängigkeitsverhältnis zum Verhandlungspartner?
- Ist meine Rolle in der Verhandlung klar?
- Muss ich mein Verhandlungsergebnis jemandem gegenüber rechtfertigen, bzw. jemandem „verkaufen"?
  - Wenn ja, sollte ich mich vor der Verhandlung mit dieser Person (oder mehreren Personen) abstimmen?
- Was darf unter gar keinen Umständen passieren?

Reflexion & Analyse

- War ich mir über meine Situation ausreichend im Klaren?
  - Wie viel ist auf dem Spiel gestanden?
  - mein Abhängigkeitsverhältnis
  - sonstiges
- Habe ich mich meiner Situation entsprechend verhalten?
  - Wenn nein, wann und wodurch nicht?
- War mir klar, wem gegenüber ich das Verhandlungsergebnis rechtfertigen bzw. „verkaufen" muss?
- Wäre es notwendig gewesen, mich vor der Verhandlung mit jemandem abzustimmen?

■ War meine Rolle klar (mir und meinem Verhandlungspartner)?
- ❏ Habe ich mich meiner Rolle entsprechend verhalten?
- ❏ Wenn nein – wann und wodurch nicht?

Meine Lernschritte aus der Verhandlung:

Mein Verhandlungspartner

Nähere Infos dazu in Kapitel 8.3.2.

Vorbereitung

■ Informationen zur Person (Wer ist mein Verhandlungspartner? 4-Augen-Gespräch oder Gruppenverhandlung? Ist mein Verhandlungspartner Entscheider oder Unterhändler? Verhaltensweisen, Vorgehensweisen, Image, Vorlieben, Smalltalk-Themen etc. meines Verhandlungspartners)

■ Informationen zur Situation (Wie viel steht für meinen Verhandlungspartner auf dem Spiel, wie abhängig ist er vom Ergebnis etc.)

■ Informationen über die angenommenen Ziele (quantitatives Ziel und Beziehungsziel) meines Verhandlungspartners

■ Informationen über die Interessen und Bedürfnisse meines Verhandlungspartners

----

Reflexion & Analyse

■ Waren meine Annahmen über
  ❏ die Person (Verhaltensweisen, Vorgehensweisen, Image, Vorlieben, Smalltalk-Themen etc.)
  ❏ die Situation (wie viel auf dem Spiel stand, Abhängigkeit vom Ergebnis etc.)
  ❏ die Ziele (quantitatives Ziel und Ergebnisziel)
  ❏ die zugrundeliegenden Interessen und Bedürfnisse richtig oder falsch? Welche Auswirkungen hatte dies?

■ Welche neue wesentliche Information über meinen Verhandlungspartner habe ich während der Verhandlung erfahren?

Meine Lernschritte aus der Verhandlung:

Der Verhandlungsgegenstand

Nähere Infos dazu in Kapitel 8.3.3.

Vorbereitung

■ In welche Leistungsbestandteile und Nutzendimensionen kann der Verhandlungsgegenstand aufgesplittet werden?

■ Welche sind für mich besonders wichtig, welche weniger?

■ Welche Leistungsbestandteile nehme ich an, sind für meinen Verhandlungspartner besonders wichtig, welche weniger?

■ Welche Interessen und Bedürfnisse liegen dem Verhandlungsgegenstand aus meiner Sicht bzw. der meines Verhandlungspartners zugrunde?

■ Welche Fragen werde ich stellen, um herauszufinden, was für meinen Verhandlungspartner hohen Nutzen, was niedrigen Nutzen stiftet?

■ Wie können wir daher Mehr-Wert schaffen?

Reflexion & Analyse

■ Welche neuen Informationen über den Verhandlungsgegenstand habe ich während der Verhandlung erhalten?

■ Welche Wertigkeiten haben diese neuen Informationen (für mich und für meinen Verhandlungspartner)?

■ Ist es uns gelungen, Mehr-Wert zu schaffen, wenn ja, wodurch?

Meine Lernschritte aus der Verhandlung:

Zieldefinition und Strategiewahl

Nähere Infos dazu in Kapitel 8.4. und 8.5.

Vorbereitung

- Wie sieht mein ideales Ergebnis aus? (quantitativ und beziehungsmäßig)
- Welche quantitativen Ziele (kurzfristig, langfristig) leite ich davon ab?
- Was möchte ich auf keinen Fall (wo muss ich nein sagen)?
- Wie definiere ich meinen Verhandlungsspielraum und meinen Abbruchspunkt?
- Wie soll die Beziehung zu meinem Verhandlungspartner und zu mir selbst nach der Verhandlung aussehen?
- Welche Strategie wähle ich für die einzelnen Leistungsbestandteile?

Reflexion & Analyse

- Welche quantitativen Ergebnisse wurden erreicht und wie zufrieden bin ich damit?
- Habe ich meinen Verhandlungsspielraum ausgenutzt oder überzogen, habe ich den Abbruchspunkt eingehalten?
- Habe ich mein Beziehungsziel erreicht? Wie sieht die Beziehung zu meinem Verhandlungspartner nach der Verhandlung aus?
- Hat sich die Beziehung während der Verhandlung verändert?
  - ❏ Wenn ja – wodurch?
- Wie ist die Beziehung zu mir selbst nach der Verhandlung? Bin ich mir selbst treu geblieben?
- Habe ich die passende Strategie gewählt und welche Auswirkungen hatte dies?

Meine Lernschritte aus der Verhandlung:

Der Entscheidungsprozess

Nähere Infos dazu in Kapitel 8.3.4.

Vorbereitung

- Wie ist der Prozess der Entscheidungsfindung (bei mir und bei meinem Verhandlungspartner)?
- Muss ich mich vor der Verhandlung mit jemand abstimmen?
- Habe ich Klarheit über meine Entscheidungsbefugnis (bis zu welcher Grenze kann ich gehen, gibt es ein Gremium, das in letzter Instanz entscheidet etc.)?
- Ist mein Verhandlungspartner der Entscheider oder ein „Unterhändler"?
  - ❏ Mit wem soll ich daher die Verhandlung führen?
- Welche Auswirkungen hat diese Tatsache auf meine Vorgehensweise bezüglich Informationsfluss während der Verhandlung?

Reflexion & Analyse

- Habe ich die Entscheidungswege meines Verhandlungspartners richtig eingeschätzt?
- Habe ich mich dementsprechend passend verhalten?

Meine Lernschritte aus der Verhandlung:

Emotionale Vorbereitung und Reflexion

Ich als Verhandlungspartner/in

Nähere Infos dazu in Kapitel 8.2. und 8.3.1.

Vorbereitung

■ Was denke ich über mich in der Rolle als Verhandlungspartner/in?

■ Wie groß oder klein fühle ich mich im Vergleich zu meinem Verhandlungspartner vor der Verhandlung?

■ Wenn Größenunterschiede bestehen: Was kann ich tun, um auf „gleiche Augenhöhe" zu kommen?

■ Welche Verhaltensweisen will ich in dieser Verhandlung anwenden und welche unbedingt vermeiden?

■ Mit welcher Grundhaltung und Einstellung will ich ins Gespräch gehen?

....

....

....

....

Reflexion & Analyse

■ Welche meiner Verhaltensweisen waren für das Verhandlungsergebnis förderlich bzw. hinderlich?

■ Welche meiner Verhaltensweisen macht mich für den anderen zu einem schwierigen bzw. angenehmen Verhandlungspartner?

■ Wer oder was hat in mir Emotionen ausgelöst? Und wodurch?

■ Wie bin ich mit diesen Emotionen umgegangen und welche Auswirkungen hat dies gehabt?

■ Was denke ich von mir als Verhandlungspartner/in nach der Verhandlung?

■ Wie groß oder klein fühle ich mich im Vergleich zu meinem Verhandlungspartner nach der Verhandlung?

■ Haben sich die Größenverhältnisse während der Verhandlung verändert?

　❏ Wenn ja, wodurch?

Meine Lernschritte aus der Verhandlung

Meine Sichtweise über meinen Verhandlungspartner

Nähere Infos dazu in Kapitel 8.2. und 8.3.2.

Vorbereitung

- Was denke ich über meinen Verhandlungspartner vor der Verhandlung?
- Was glaube ich, denkt mein Verhandlungspartner über mich als Verhandlungspartner/in?
- Welche Verhaltensweisen habe ich bei meinem Verhandlungspartner bisher beobachtet?
- Welche Reaktionsmöglichkeiten (Handlungsalternativen) habe ich auf die einzelnen Verhaltensweisen?
- Wie empfinde ich das Vertrauensverhältnis vor der Verhandlung?

Reflexion & Analyse

- Welche förderlichen und hinderlichen Verhaltensweisen habe ich bei meinem Verhandlungspartner während der Verhandlung beobachtet?
- Wie habe ich auf einzelne Verhaltensweisen reagiert?
- Wie hätte ich gerne reagiert?
- Welches Bild habe ich von meinem Verhandlungspartner nach der Verhandlung?
- Hat sich mein Bild vom Verhandlungspartner verändert?
  - ❏ Wenn ja – wodurch?
- Wie empfinde ich das Vertrauensverhältnis nach der Verhandlung?
- Hat sich das Vertrauensverhältnis durch die Verhandlung verändert?
  - ❏ Wenn ja, wodurch?

Meine Lernschritte aus der Verhandlung:

Tretminenthemen

Nähere Infos dazu in Kapitel 8.2.2.

Vorbereitung

- Stehen Tretminenthemen zwischen mir und meinem Verhandlungspartner?
- Wenn ja, welche und wie plane ich damit umzugehen (ansprechen oder vermeiden bzw. in einem separaten Gespräch vor der Verhandlung klären)?

Reflexion & Analyse

- Wie bin ich mit den Tretminenthemen während der Verhandlung umgegangen und welche Auswirkungen hatte dies?
- Wie ist mein Verhandlungspartner damit umgegangen?
- Sind durch die Verhandlung neue Tretminenthemen entstanden?
- Wie will ich damit umgehen?

Meine Lernschritte aus der Verhandlung:

Alternativen, Szenarien und Infrage stellen der Verhandlung

Nähere Infos dazu in Kapitel 8.4.4. – 8.4.6.

Vorbereitung

- ■ Was werde ich tun, wenn die Verhandlung nicht zum gewünschten Ziel führt?
- ■ Habe ich Alternativen zur Zielerreichung (Plan B)?
- ■ Wie gut sind diese Alternativen?
- ■ Was ist das Beste, was passieren kann? – wodurch?
- ■ Was ist das Schlimmste, was passieren kann? – wodurch?
- ■ Was ist die wahrscheinlichste Variante?
- ■ Macht die Verhandlung – auf Basis der bisherigen Vorbereitung – überhaupt noch Sinn?

Reflexion & Analyse

- ■ Habe ich Alternativen und Szenarien richtig eingeschätzt?
- ■ War es richtig die Verhandlung zu führen oder hätte ich sie besser nicht geführt?

Meine Lernschritte aus der Verhandlung:

Das Verhandlungsgespräch

Nähere Infos dazu in Kapitel 8.6 und 8.7.

Vorbereitung

- Dramaturgie des Gesprächs
- Agenda
- Verhandlungsteilnehmer (Einzel- oder Gruppenverhandlung)
- Bei einer Gruppenverhandlung:
  - ❏ Worüber muss ich mich mit meinem Verhandlungsteam abstimmen?
  - ❏ Soll es bilaterale Vorgespräche geben? Wenn ja, mit wem?
  - ❏ Wie soll die gewonnene Information im Team ausgetauscht werden?
  - ❏ Rollendefinition für die Gruppenverhandlung (Verhandlungsführer, Entscheider, Moderator etc.)
- Verhandlungsort
- Verhandlungstermin und Zeitraum
- Protokoll: Wer verfasst es? Hat es offiziellen Charakter oder ist es ein Gedächtnisprotokoll? Wer soll es erhalten?
- Sitzordnung
- Kleidung

Reflexion & Analyse

- War die Vorbereitung des Gesprächs ausreichend?
- Habe ich den roten Faden eingehalten?
- Gab es schwierige Situationen während des Gesprächs bzw. gab es positive oder negative Überraschungen bzw. Aussagen, die mich irritiert haben?
  - ❏ Wenn ja, welche?

- Wie habe ich in diesen schwierigen Situationen reagiert?
- Wie habe ich das Verhandlungsklima empfunden und durch wen oder was wurde es geprägt?
- In welcher Form hat das Klima das Verhandlungsergebnis beeinflusst?
- Welche Phasen des Gesprächs waren aus meiner Sicht entscheidend für den Verlauf und das Ergebnis der Verhandlung (ev. Misserfolg) und wodurch?
- Habe ich klare Abschlusssignale erkannt? Wenn ja, welche?

Meine Lernschritte aus der Verhandlung:

Was wäre wenn …?

■ Angenommen ich könnte die Verhandlung nochmals führen, was würde ich anders machen?

■ Angenommen in dieser Verhandlung wäre ein Wunder passiert und es wäre alles genau so gelaufen, wie ich es mir erträumt hätte.

   ❏ Was hätte ich dann anderes getan bzw. nicht getan?

   ❏ Wie hätte dann die Situation ausgesehen?

....

....

....

....

....

Meine Lernschritte aus der Verhandlung:

....

....

....

....

....

11.3 Die vier Schritte zu Ihrem persönlichen Ziel-Image

Schritt 1: Analyse Ihres Ist-Images:

Um zielgerichtet an Ihrem Image arbeiten zu können, analysieren Sie zuerst Ihr Selbstbild als Verhandlungspartner.

Wie sehen Sie sich als Verhandlungspartner/in?

Wie beschreiben Sie sich selbst in dieser Rolle?
Dies ist eine kurze Auswahl von möglichen Beschreibungen:

- Ich bin fair und kreativ.
- Ich lasse mich einschüchtern, mich kann man leicht über den Tisch ziehen.
- Ich bin lösungsorientiert und um passende Lösungen für alle Seiten bemüht.
- Ich achte meist auf gute Lösungen für andere, selbst komme ich dabei zu kurz.
- Ich bin ein tougher Verhandler.
- Ich treffe rasch Entscheidungen bzw. vermeide es Entscheidungen zu treffen.
- Ich habe Handschlagqualität.
- etc.

Ihre Beschreibung spiegelt Ihren Gesamteindruck wider. Diesen prägen Sie durch Ihre Verhaltens- und Vorgehensweisen, die Ihnen entweder gut, weniger gut oder gar nicht gefallen.

- Welche Verhaltens- und Vorgehensweise habe ich bei mir beobachtet?

....

....

....

- Welche davon gefallen mir gut, weniger gut, schlecht?

....

....

....

Schritt 2: Bewertung Ihrer Verhaltensweisen

■ Wenn ich an sehr erfolgreich verlaufene Verhandlungen denke: Welche dieser Verhaltens- und Vorgehensweisen waren förderlich?

■ Wenn ich an sehr schlecht verlaufene Verhandlungen denke: Welche dieser Verhaltens- und Vorgehensweisen waren hinderlich?

■ TIPP:

Wenn Sie wirklich etwas beim Verhandeln verändern wollen, dann beschäftigen Sie sich ganz besonders intensiv mit sich selbst – nicht nur mit Strategien und Taktiken. Denn diese sind nur so gut, wie Sie diese anwenden und umsetzen können. Es liegt also immer an Ihnen.

Schritt 3: Wie glauben Sie, werden Sie von anderen als Verhandlungspartner/in gesehen?

Es ist zielführend, sich mit dem Eindruck zu beschäftigen, den Sie glauben, bei Ihren Verhandlungspartnern zu hinterlassen. Weicht das Fremdbild stark vom Selbstbild ab, löst dies Irritation und dadurch möglicherweise Konflikte aus.

Versetzen Sie sich doch einmal in die Lage Ihres Verhandlungspartners und beurteilen Sie sich selbst aus dieser Perspektive.

- Wie glaube ich, werde ich von meinen Verhandlungspartnern beschrieben?

....

....

....

- Welche Verhaltens- und Vorgehensweisen haben meine Verhandlungspartner bei mir beobachtet?

....

....

....

- Welche meiner Verhaltens- und Vorgehensweisen kommen bei meinen Verhandlungspartnern gut, welche schlecht an?

....

....

....

....

Falls Sie Verhandlungspartner haben, die Ihnen diese Fragen ehrlich beantworten, probieren Sie es aus und lassen Sie sich überraschen. Machen Sie den **Reality-Check** und vergleichen Sie Ihr Selbstbild und Ihr vermutetes Fremdbild mit dem tatsächlichen Fremdbild.

Schritt 4: Definition Ihres persönlichen Ziel-Images

Es ist wichtig, Klarheit über Ihr Idealbild als Top-Verhandler, zu haben, denn bewusst oder unbewusst versuchen Sie, bei jeder Verhandlung Ihrem Ideal nahe zu kommen. Ihre Zufriedenheit oder Unzufriedenheit mit Ihrem Verhandlungsverhalten ist der ständige Abgleich zwischen Ziel-Verhaltensweisen und Ist-Verhaltensweisen. Je näher Sie Ihrem Ziel-Image kommen, desto zufriedener werden Sie mit sich sein. Ihre Verhaltensweisen, *was* Sie sagen und vor allem *wie* Sie etwas sagen, die Wahl der Strategie, deren taktische Umsetzung und dadurch Ihr Erfolg werden von diesem inneren Bild stark beeinflusst. Die „Vor-Bilder" können vielfältig sein. Hier sind nur einige aufgezählt:

- tough („Ich bin der „Herr", die „Frau" im Haus.), zielstrebig
- vernünftig („Der Gescheitere gibt nach."), kompromissbereit
- lösungsorientiert, kreativ
- souverän, gelassen, erfahren
- taktierend
- mächtig, entscheidungsstark, kompetent
- vertrauensvoll, verlässlich, fair, mit Handschlagqualität

Definieren Sie Ihr Ziel-Image und gleichen Sie dieses dann mit Ihrem aktuellen Image ab. Angenommen, Sie wollen als der „souveräne" Verhandlungspartner gesehen werden und Ihr Image weicht davon noch ab. Dann können Sie jederzeit Ihre für den Verhandlungserfolg nützlichen Verhaltensweisen verstärken und hinderliche ersetzen. Es reicht nicht zu sagen, ich werde in Zukunft z.B. „nicht mehr nervös" sein. Es braucht viel mehr die klare Definition, was Sie stattdessen tun werden! Z.B.: Ich bin souverän und gelassen! Sie selbst können Ihr Ziel-Image zur Realität machen, indem Sie bestimmte Verhaltensweisen verändern.

LEITGEDANKEN FÜR VERÄNDERUNGEN
AM BEISPIEL „SOUVERÄN"

Menschen, die wir für souverän halten, sind nicht einfach souverän, sie sind nicht bereits souverän zur Welt gekommen. Wohl aber verhalten sich Menschen, die wir für souverän halten, auf eine ganz bestimmte Art und Weise souverän.
Welche Eigenschaften und Verhaltensweisen haben Menschen, die souverän sind?
Holen Sie sich ein Bild einer für Sie souverän wirkenden Persönlichkeit vor Ihr inneres Auge.

❏ Was tut diese Person und vor allem wie tut sie es?
❏ Was tut sie eben nicht?

Listen Sie diese Verhaltensweisen in den nachfolgenden Zeilen auf.

....

....

....

....

....

Die Eigenschaft „souverän" wird oft mit folgenden Verhaltensweisen in Verbindung gebracht: „Souveräne Verhandler" haben oft eine aufrechte Körperhaltung, gehen bewusst und bedächtig – Schritt für Schritt. Sie vermitteln meist keine Eile, keine Hast, sie „schusseln" nicht herum. Sie sprechen erst, wenn man ihnen zuhört und kämpfen nicht darum, das Wort zu erhalten und man hört ihnen gerne zu. Sie sprechen Sätze bewusst, sie sprechen nicht viel und vor allem nicht laut, eher leise, so, dass man sich als Zuhörer konzentrieren muss. Souveräne Verhandler sind in sich ruhend gefestigt und vermitteln diesen Halt. Es gibt noch viele andere Verhaltensweisen und Eigenschaften, die dazu beitragen können, als souveräner Verhandler gesehen zu werden.

Das individuelle Ziel-Image kreieren:

■ Was sollen meine Verhandlungspartner über mich erzählen?
Wie möchte ich von meinen Verhandlungspartnern beschrieben werden?

....

....

....

....

■ Welche Verhaltensweisen führen zu meinem Ziel-Image?

....

....

....

....

■ Was sind meine zugrundeliegenden Motive, Bedürfnisse und Interessen?

....

....

....

....

Abweichungsanalyse

Entsprechen Sie bereits Ihrem Ziel-Image?
■ Wenn ja – herzlichen Glückwunsch!
■ Wenn nein – listen Sie jene Verhaltens- und Vorgehensweisen auf, die Sie beibehalten bzw. verändern wollen.

Welche **Maßnahmen** kann ich setzen, um diese Lücke zwischen Ist- und Ziel-Image zu schließen?

....

....

....

....

■ Ich will folgende Verhaltens- und Vorgehensweisen verstärken:

....

....

....

■ Ich will … unterlassen und stattdessen will ich …:

....

....

....

Veränderungen von Verhaltensweisen sind möglich, sie brauchen jedoch Geduld und viel Übung. Diese neuen Verhaltensweisen müssen erlernt werden. Es bedarf vieler Wiederholungen bis sie zur Gewohnheit werden und die „alten" Gewohnheiten abgelegt sind. Besonders unter Stress, und dazu können Verhandlungssituationen zählen, verfällt man leicht in alte Muster. Erlauben Sie sich daher Rückschläge, kalkulieren Sie diese sogar ein und betrachten Sie solche schmunzelnd als **Ehrenrunden** von alten Verhaltensweisen. Gönnen Sie sich einige Ehrenrunden und freuen Sie sich über jede zielgerichtete Veränderung.

RESÜMEE

Verhandlungen sind enorm komplex. IRRE®-Verhandeln hat viele Möglichkeiten aufgezeigt, wie dieser komplexe Vorgang blitzschnell analysiert und treffsicher gesteuert werden kann.

Die Unterteilung in vier Einflussfaktoren und zwei Spannungsfelder bringt Klarheit und Zielgerichtetheit bei der Vorbereitung, im Verhandlungsgespräch und in der Reflexion. Durch diese Struktur behalten Sie in jeder Situation das Ruder in der Hand.

Nach meinen vielen tausenden beobachteten Verhandlungen erscheint mir jedoch eines als das Allerwichtigste:

Haben Sie ehrliches Interesse an den Sichtweisen, Bedürfnissen, Interessen und Ängsten Ihres Verhandlungspartners!

Denn dann verhandeln Sie ganz von selbst in emotionaler Ebenbürtigkeit, stellen interessierte Fragen und arbeiten gemeinsam an Mehr-Wert-Lösungen.

Ich wünsche Ihnen viel Freude, Kreativität und Erfolg bei Ihren IRRE®n Verhandlungen!

Falls Sie IRRE®-Verhandeln live erleben möchten finden Sie Information zu den Seminaren unter www.irre-verhandeln.at.

Rückfragen und Kommentare senden Sie bitte an office@irre-verhandeln.at. Ich freue mich, von Ihnen zu lesen!